Ein Tag unter Bienen

Zu Autor und Buch

Bereits während des Studiums der Biologie interessierte sich der Autor für die spannende Welt der Insekten. Nach Anschaffung der ersten eigenen Bienenvölker packte ihn die Begeisterung für diese einzigartigen Geschöpfe so sehr, dass er beschloss, sich nach Abschluss des Biologiestudiums ganz und gar den Bienen zu widmen. Eine Entscheidung, die er auch nach zahlreichen Jahren als Imker an keinem Tag bereut hat – ist die Arbeit mit diesen faszinierenden Tieren doch immer wieder aufs Neue überraschend und bezaubernd schön zugleich.

Ein *Tag unter Bienen* vereint auf harmonische Weise erkenntnisreiche und anschauliche Wissensvermittlung mit einer unterhaltsamen, fesselnden und teils humorvollen Leseerfahrung. Der Text nimmt die Leserschaft mit in eine Welt voller wundersamer Begebenheiten, spannender Fakten und amüsanter Anekdoten aus dem Leben mit den Bienen und bietet zugleich einen Einblick in eine Tätigkeit, die kaum naturverbundener sein könnte.

Die Natur mit anderen Augen zu sehen, neue Perspektiven auf die kleinsten Wunder zu erleben und quasi ganz nebenbei praktisches Wissen anzusammeln, das sind die Kernanliegen dieses Buches, welches die Leidenschaft und Hingabe zu diesem uralten Beruf und die damit einhergehende Liebe zur Natur auf eine unvergleichliche Art miterleben lässt.

Gregor Haniak

Ein Tag unter Bienen

BÜCHNER

ISBN (Print) 978-3-96317-413-1
ISBN (ePDF) 978-3-96317-984-6
ISBN (ePUB) 978-3-96317-985-3

Bahnhofstraße 5, 35037 Marburg.
Kontakt: info@buechner-verlag.de

Satz: DeinSatz Marburg | tn

Druck und Bindung: totem.com.pl, Inowrocław, Polen
Druck auf FSC-Mix.

Printed in EU

Bibliografische Informationen der Deutschen Nationalbibliothek:
Die Deutsche Nationalbibliothek verzeichnet diese Publikation in der Deutschen Nationalbibliografie, detaillierte bibliografische Angaben sind im Internet über https://dnb.de abrufbar.

www.buechner-verlag.de

»Jene, welche die Schönheit der Erde wahrhaft
sehen können, finden darin Kraftreserven,
die ein Leben lang reichen.«

– Rachel Carson (1907–1964) –

Für Julia, die fleißigste aller Bienen

Inhalt

Teil 1 – Morgen

Teil 2 – Mittag

Teil 3 – Abend

Teil 1

Morgen

Erwachen

In einer Welt aus Wachs und Honig, in der nur die Düfte, Berührungen und Vibrationen der Abertausenden anderen Bienen durch das Dunkel der Wabengassen leiten, in der weder Gedanken an Vergangenheit noch Zukunft das momentane Tun beeinflussen, in einer Welt weit weg von egoistischen Belangen und vollkommen frei von persönlichen Besitzansprüchen, scheint es, als wäre man selbst nicht existent – als würde man mit all den anderen Bienen einen übergeordneten, lebendigen Organismus bilden, unter dessen Gesamtheit sich jegliche Individualität freiwillig unterordnet. Gleichzeitig ist alles erfüllt von einem wohltuenden Gefühl der Geborgenheit und der vollkommenen Zugehörigkeit, hervorgerufen durch den ständigen Austausch mit den unzähligen anderen Bienen ringsherum und den dominanten Duft der Königin überall im Stock. Ein kaum greifbares Gefühl, welches eine so tiefe Zusammengehörigkeit spüren lässt, dass völlig klar ist, dass man ohne diese nicht lange überleben würde. Ähnlich einem Kind im Mutterleib, umschlossen von Wärme und Geborgenheit – eins mit der Mutter und doch alleinstehendes Individuum.

Überall liegt der intensive Geruch von Honig, Propolis und Wachs in der Luft. Gleichzeitig ist alles umgeben von einer wohligen Wärme und einem alles einnehmenden Summen, erzeugt von der Gesamtheit aller Bienen des Volkes, als gäbe es eine Art Grundfrequenz, die es stets zu halten gilt – eine allumfassende Schwingung, die das Volk eint.

Der plötzlich aufkommende innere Drang, durch das Dunkel hindurch in Richtung des Lichts der Fluglochöffnung zu krabbeln, um so ins Freie zu gelangen, wird nun unbändig groß. Über Hunderte Wabenzellen hinweg, gefüllt mit Brut, Honig und Blütenpollen, vorbei an all den Bienen, jede ihrem eigenen Trieb folgend, doch stets hingebungsvoll im Dienst des Volkes, und schließlich durch die Öffnung am Boden des kleinen Königreichs hindurch ins Freie.

Beim Durchtritt nach draußen wechselt das dauerhaft umgebende Dunkel des Bienenstocks plötzlich in ein helles, glänzendes Licht, als hätte man eine Pforte in eine völlig andere Welt durchschritten – ein Licht, welches jetzt alles einzunehmen scheint, ein Licht, welches das innere Bestreben, die Flügel zu weiten und loszufliegen, nun unaufhaltsam stark werden lässt.

Doch da, ganz leise, wie die meist nicht bewusst wahrgenommene Hintergrundmusik in einem Film, beginnt sich ein sanftes Vogelgezwitscher zwischen die Szenen des sich jetzt langsam auflösenden Traumes zu schmuggeln. Als wären Traum und Realität für kurze Zeit eins, wagt sich sacht das Wachbewusstsein zwischen die Bilder und Gedanken der Nacht, um behutsam in den Tag zu überführen. Was bleibt, sind die noch kurz nachhallenden Erinnerungen und Gefühle sowie ein stetig leiser werdendes und nur noch hintergründig wahrnehmbares Summen als letzter Rest eines träumerischen Nachklangs, den der nun fast schon ganz verblasste Traum als flüchtige Erinnerung im Kopf zurückließ. Ein Traum, so lebendig und authentisch, als wäre man realer Teil dieser völlig anderen Welt. Doch hat sich der Vorhang der nächtlichen Bühne erst einmal geschlossen, erweist sich die so echt und gegenwärtig angefühlte Szenerie letztlich nur als Trugbild der eigenen Gedanken.

Eine glänzende Helligkeit, wie sie wohl nur die in das Zimmer scheinende Morgensonne verursachen kann, dringt durch die erst einen winzigen Spalt weit geöffneten Augenlider. Durch das über Nacht zum Garten offen stehen gelassene Fenster gelangt der melodische Gesang einer Amsel durch das Ohr in das inzwischen fast schon vollständig die Oberhand übernommene Wachbewusstsein.

Es muss ein sonniger Tag im Frühling sein. Der in das kleine Zimmer hereinströmende Duft der verschiedenen im Garten bereits aufgegangenen Frühjahrsblüten schürt die innere Vorfreude aufzustehen, um die jetzt in voller Kraft stehende Natur draußen genießen und entdecken zu können.

Ein Tag voller Arbeit steht bevor, schöne Arbeit. Arbeit an den Bienenvölkern, die auf einem sonnigen Platz am Wiesenhang direkt oberhalb des kleinen am Waldrand gelegenen Häuschens stehen, wo die Bienen vermutlich schon mit den ersten vereinzelten Ausflügen durch die noch kühle Morgenluft begonnen haben, um Pollen und Nektar von den nun in voller Blütenpracht stehenden Obstbäumen der um das Häuschen gelegenen Streuobstwiese sammeln zu können – Futter für sich und die jetzt im Frühjahr bereits stark zugenommene Bienenbrut. Dringend benötigtes Futter, welches jetzt für die zahlreichen hungrigen Maden im stetigen Takt herangebracht werden muss, um aus ihnen möglichst rasch möglichst viele arbeitsfähige Bienen heranzuziehen.

Schon im Winter, etwa um die Jahreswende herum, kann es sein, dass die Königin nach einer mehrwöchigen Winterpause wieder beginnt, die ersten Eier zu legen. Zunächst werden nur die Böden weniger nebeneinander liegender Zellen mit den kleinen weißen Stiften versehen. Mit den steigenden Temperaturen jedoch werden zum Frühling hin dann immer mehr Eier von ihr gelegt, bis schließlich ganze Waben voll mit neuer Bienenbrut bestückt sind. Und diese will natürlich gefüttert werden, so wie jegliche Nachkommenschaft.

Bienen als Spürhunde

Kaum dass sich die Augen geöffnet haben, fährt auch schon die große, feuchte Zunge des Hundes einmal quer über das gerade erst erwachte Gesicht. Regelrecht freudestrahlend sitzt er vor dem Bett und schaut einen mit seinen großen braunen und erwartungsvoll dreinschauenden Augen an. Aufgeregt hechelnd, mit einem Ausdruck im Gesicht, als wäre er ein Kind kurz vor der weihnachtlichen Bescherung. Als wäre dieser Tag nicht ähnlich den bereits vergangenen Tagen, als gäbe es heute etwas ganz besonders Aufregendes zu erleben – einhergehend mit einem völligen Unverständnis darüber, warum man noch nicht aufgestanden und mit ihm direkt aus dem Haus in den Garten gerannt ist. Zieht es ihn doch nun mehr als dringlich hinaus in die Natur, wo sicher schon tausend Gerüche und Düfte auf ihn warten. Gerüche, von denen wir noch nicht einmal eine Ahnung haben, wie sie riechen. Waren Rehe über Nacht auf der Wiese? Hier hat doch ein Marder den Weg gekreuzt! Hat dort das Eichhörnchen etwas im Boden versteckt? Oder ist des Nachbars Katze denn etwa schon wieder im Revier gewesen? Eine Duftwelt, die uns verborgen bleibt. Dass Hunde besser riechen können als wir Menschen, ist wohl unbestreitbar. Doch mit dem sensiblen Geruchssinn der Bienen können selbst Hunde nicht mithalten.

Tatsächlich sind Bienen mindestens ebenso gute Spürhunde wie unsere bellenden Hausfreunde. Zumindest was die Geruchswahrnehmung angeht. Auf Befehle wie »Platz« und »Such« werden sie wohl nicht so gut reagieren wie unsere vierbeinigen Spürnasen, doch sind Bienen den Hunden in Sachen Riechen dafür um eine »Nasenlänge« voraus. So können sie mit ihren zwei feinen Antennen, welche zusammen

über etwa 60 000 Geruchsrezeptoren besitzen, schon einzelne Duftmoleküle in einem Kubikzentimeter Luft wahrnehmen. Zum Vergleich: Die Geruchsschwelle des Menschen liegt bei etwa 200 Millionen Molekülen in einem Kubikzentimeter Luft. Mit ihren sensiblen Rezeptoren auf den Antennen können Bienen Gerüche bereits aus mehreren Kilometern Entfernung identifizieren.

Diese unfassbare Geruchswahrnehmung ist für die fleißigen Sammlerinnen bei ihrer Suche nach Nektar von überaus großer Bedeutung, um nicht jedes Mal kreuz und quer die gesamte Umgebung suchend abfliegen zu müssen, sondern eine eventuell lohnende Futterquelle schon aus weiter Entfernung ausmachen zu können. Dabei können Bienen dank der paarig am Kopf angebrachten Antennen sogar orten, woher ein Duft kommt und so direkt zu dessen vielversprechendem Ursprung navigieren – eine Effizienz, die die Evolution in Millionen von Jahren nicht besser hätte hervorbringen können.

Doch hat sich inzwischen auch der Mensch die überragende Duftwahrnehmung der Biene zunutze gemacht. So konnte man Bienen tatsächlich auf einen bestimmten Geruch wie zum Beispiel den einer bestimmten Droge oder eines Sprengstoffes trainieren. Hierfür wurden Flugbienen zu Konditionierungszwecken mit geringen Mengen eines bestimmten Duftstoffes in Kontakt gebracht. Verbunden mit einer gleichzeitig verabreichten Futtergabe (in Form eines kleinen Tropfen Zuckerwassers) wurden die Bienen so auf den jeweiligen Geruch geprägt. Dies hatte zur Folge, dass sie bereits bei wenigen Molekülen des antrainierten Stoffes in der Luft begannen, in Vorfreude auf eine erneute Futtergabe ihren Saugrüssel herauszustrecken.

Doch wie macht man sich dieses Verhalten nun zunutze? Und zwar indem man die so konditionierten Bienen in einer Apparatur mittels einer Kamera überwacht und digital registriert, wie oft und wie lange die Bienen ihren Rüssel herausstrecken. Ab einem gewissen Schwellenwert gibt der Computer dem menschlichen Beobachter dann ein Signal, was wiederum meist ein eindeutiges Zeichen dafür ist, dass Moleküle des jeweiligen Stoffes irgendwo in der näheren Umgebung vorhanden sein müssen. Und tatsächlich wurde dies unter anderem bereits erfolgreich an Flughäfen getestet. Ob dieser Prozess nun wirklich praxistauglich ist, wird sich noch herausstellen. Auf der einen Seite spart man sich so ein zeit- und kostenintensives Training, wie es bei Spürhunden vonnöten ist, andererseits haben Bienen jedoch leider ein recht kurzes Leben, und der technische Aufwand beim Training und bei der Überwachung der Bienen mittels eines Computers ist sicher auch nicht zu unterschätzen. Allerdings sind Hunde nur eine kurze Zeit einsatzfähig, wohingegen man die Spürbienen viele Stunden durchgängig im Einsatz lassen kann. Wie sich der gesamte Prozess für so eine kleine Biene anfühlt, steht jedoch noch einmal auf einem ganz anderen Blatt. Könnte man sie fragen, wäre sie sicher nicht allzu begeistert von derlei missbräuchlichem Umgang mit ihrem eigentlich zur Futtersuche optimierten Geruchssinn.

Fest steht, dass der Geruchssinn neben dem Sehsinn für Bienen eine ganz besondere Rolle in ihrem Leben spielt. Nicht nur, dass sie Futterquellen damit überaus effizient ausmachen können – auch läuft ein großer Teil ihrer Kommunikation über Gerüche ab. So wird beispielsweise durch Pheromone aus der Kopfdrüse der Königin die Harmonie im Volk erhalten, bestimmte Vorgänge, die das Brutverhalten beeinflussen, gesteuert oder fremde von volkseigenen Bienen unterschieden.

Eine Geruchswelt, die uns mit unserer doch eher sehr bescheidenen Duftwahrnehmung zu »erriechen« verwehrt bleibt, sodass wir für das Aufspüren von bestimmten Gerüchen zunächst wohl weiterhin auf die Hilfe aus der Tierwelt angewiesen sein werden. Eine Geruchswelt, von der wir überall in der Natur umgeben sind, aber nur einen minimalen Bruchteil wahrnehmen können.

Eine fremde Sprache

Gerade erst zur Tür herausgestürmt, klebt der Hund auch schon mit vibrierender Nase am noch feuchten Gras der Streuobstwiese und zieht hektisch schnüffelnd seine Kreise durch den Garten. Welchen Spuren genau er da so eifrig folgt, lässt sich von menschlicher Warte aus höchstens erraten. Glücklicherweise bietet unser eingeschränkter Geruchssinn auch die Möglichkeit, sich auf all die anderen faszinierenden Geschehnisse in der Natur zu fokussieren. Gerade jetzt im Frühling, wenn die immer wärmer werdenden Sonnenstrahlen Bäume, Sträucher und Wiesen förmlich aufleben lassen und zum Erblühen bringen, passiert hier so viel Spannendes. Kann man doch gerade zu dieser Jahreszeit zahlreiche kleine und große Beobachtungen machen, nimmt man sich nur die Zeit dafür.

Bedingt durch die nun zunehmend aus ihrem Winterschlaf erwachte Natur stehen nach den ersten Frühjahrsblühern jetzt auch die Obstbäume in voller Blüte. Die Morgensonne lässt die weiße Pracht fast schon wie in einem verzaubert wirkenden Licht erscheinen. Der süßliche Duft der verschiedenen Obstblüten liegt mit belebender Frische in der Luft. Ein Duft, der einen während des morgendlichen Spaziergangs durch den direkt am Haus angrenzenden Obstgarten mit einer Art wohltuender innerer Freude und Geborgenheit erfüllt.

Erfreulicherweise ist der wunderbar liebliche Geruch des Frühlings auch mit der menschlichen Nase schon wahrnehmbar. Schließt man die Augen und beraubt sich so selbst für kurze Zeit um einen der dominantesten Sinne, kann man die verschiedenen Gerüche noch besser wahrnehmen. Das betörend blumig-süße Aroma der Obstbaumblüte ist nun so intensiv, dass es beinahe scheint, als wetteiferten die verschiedenen Pflanzen geradezu darum, den stärksten und dominantesten Duft abzugeben. Doch birgt der fast schon verschwenderisch in der Luft liegende Geruch auch eine Art Geheimnis, welches man nicht zu durchschauen vermag – wie ein Lied in einer fremden Sprache, dessen Bedeutung allerhöchstens zu erahnen ist. Schließlich ist diese »Sprache der Blumen« auch nicht für uns Menschen bestimmt, sondern richtet sich an die nun so zahlreich durch den Garten umherfliegenden Bestäuber. Eine Form der Kommunikation zwischen Blüten und Insekten, die bereits vor Millionen von Jahren, weit bevor es uns Menschen gab, entwickelt wurde.

Hier und da brummen schon die ersten Hummeln zwischen den Zweigen der Obstbäume umher, die sich mit ihrem dichten Pelz am kühlen Morgen noch vor den Honigbienen hinauswagen, um vom reichhaltigen Nektarangebot der nun in voller Pracht stehenden Blüten zu naschen.

Die morgendlichen Sonnenstrahlen treffen jetzt auch auf die von der Nacht ausgekühlten Bienenkästen, wo sich im Moment noch nur vereinzelt mutige Bienen an den Fluglöchern beim Ein- und Ausfliegen zeigen. In etwa einer Stunde jedoch wird der Flugverkehr am Bienenstand merklich zugenommen haben, und Tausende von Bienen werden emsig von Blüte zu Blüte fliegen, um sich am frischen Nektar der weißen Obstblüten zu stärken.

Von überallher hört man aufgeregt freudiges Vogelgezwitscher. Oft noch vor Sonnenaufgang, meist ganz oben auf der Spitze der großen Fichte am Waldrand sitzend, läutet das Amselmännchen voller Inbrunst mit seinem Gesang den Tag ein, als gäbe es nur diesen einen. Kurz gefolgt von dem fröhlichen Gepiepse der Kohl- und Blaumeisen sowie dem melodischen Morgengesang des Buchfinken.

Doch auch jetzt noch, nachdem die Sonne es schon über die Baumwipfel des angrenzenden Waldes geschafft und das in den frühen Morgenstunden so lautstarke Vogelgezwitscher bereits an Intensität abgenommen hat, ist ringsherum der bunte Gesang der verschiedenen Vögel aus den Büschen und Bäumen in der Umgebung zu vernehmen.

Fast wirkt es, als wolle der kleine Fluss hinter dem Haus mit seinem leisen Geplätscher freudig mit einstimmen in das morgendliche Frühjahrskonzert der Natur.

Noch liegt schwach der Nebel über der Wiese am Hang bei den Bienen. Doch bald schon wird er von der nun zunehmenden Sonneneinstrahlung vertrieben werden. Mit den steigenden Temperaturen wachen auch die Bienen immer mehr auf.

Spätestens jetzt, wenn die Obstbäume in voller Blüte stehen und so ausreichend Nektar für die Bienen liefern, ist der Zeitpunkt gekommen, mit der ersten Frühjahrsdurchsicht der Bienenvölker zu beginnen, um zu kontrollieren, wie die Bienen den langen und kalten Winter überstanden haben.

Schon am Treiben vor dem Flugloch kann man erkennen, wie gut die Bienen durch den Winter gekommen sind. Tragen die Arbeiterinnen fleißig Pollen ein und herrscht starker Flugverkehr am Eingang der Behausung, scheint alles in Ordnung zu sein. Die Königin hat den Winter vermutlich gut überstanden und wird wohl schon eifrig für künftige Nachkommenschaft sorgen. Ist der Eingang hingegen stark mit kleinen braunen Kotspritzern befleckt und fliegt nur selten mal eine Biene rein oder raus, kann es sein, dass das Volk erkrankt ist. Hier stellt sich dann die Frage, ob die Königin überhaupt noch lebt. Sollte die Königin den Winter nicht überstanden haben, wäre das Volk ohne imkerlichen Beistand zum Sterben verdammt. Sicher ist der Anblick eines leeren Bienenkastens mit lauter toten Bienen auf dem Boden nie schön und ist gerade zu Beginn der Imkerei stets wie eine kleine Katastrophe, doch steigt mit den Jahren das Verständnis dafür, dass auch dies letztlich zum Plan der Natur gehört und eine gewisse Sterberate unter den Bienenvölkern schlicht mit dazugehört und somit für eine notwendige Auslese sorgt, auch wenn aus menschlicher Warte immer eine gewisse Traurigkeit darüber mitschwingt. Glücklicherweise kommt dies nur recht selten vor. Die meisten Bienenvölker kommen in der Regel heil und unbeschadet über den langen Winter – hat die Natur sie doch über Jahrmillionen auf dieses alljährlich wiederkehrende Ereignis gut vorbereitet.

Ein Ausflug mit Folgen

Einer der beglückendsten Momente als Imker ist es, die Bienen bei ihren ersten Ausflügen im Frühjahr zu beobachten. Sobald die Frühjahrssonne auf die hölzerne Behausung trifft und die Außentemperatur über 10 °C steigt, wagen sich die ersten mutigen Bienendamen nach draußen, um den oft dringend benötigten Blütenpollen und Nektar für sich und die vielen hungrigen Madenmäuler im Bienenstock zu sammeln.

Die hier in der Umgebung zahlreich vorkommenden Salweiden bieten mit ihren gelben Weidenkätzchen meist die erste ergiebige Futterquelle für die Bienen, während die anderen Bäume noch im Winterschlaf zu sein scheinen und erst wesentlich später austreiben. Zu dieser Zeit kann man an den Fluglöchern der Bienenkästen immer wieder Bienen mit dicken gelben Pollenpaketen an den Hinterbeinen zurück in den Stock fliegen sehen. Der Pollen und Nektar der Salweiden, Märzenbecher, Krokusse und Schneeglöckchen sind im zeitigen Frühjahr ein wichtiger Futterlieferant für die immer zahlreicher werdenden Brutzellen und die sich darin entwickelnden Jungbienen im Stock.

Doch bringen gerade die ersten Ausflüge der Bienen noch ein ganz anderes Problem der fleißigen Damen zum Vorschein. Nachdem die Bienen mehrere Wintermonate eng zusammengekuschelt in ihrem Stock verbracht haben, oft ohne ein einziges Mal nach draußen austreten zu können, ist das Bedürfnis, die inzwischen übervolle »Kotblase« endlich zu entleeren, doch recht hoch. In der Kotblase werden die den Winter über angefallenen Verdauungsreste meist bis zum Frühjahr gespeichert, um aus hygienischen Gründen nicht das eigene Zuhause damit verunreinigen zu müssen. Letztlich dient dies dazu, der Verbreitung von eventuell im Kot vorkommenden Krankheitsüberträgern Einhalt zu gebieten. Die Kotblase kann hierbei bis zu vier Fünftel des gesamten Hinterleibs einnehmen. Zum Frühjahr hin ist diese allerdings dann oft randvoll gefüllt und es besteht dringender Handlungsbedarf. Schaffen es die Außentemperaturen endlich über 10 °C, gibt es oft kein Halten mehr und die Bienen drängt es hinaus, um sich endlich erleichtern zu können. In der Imkerei spricht man hier auch vom sogenannten »Reinigungsflug« der Bienen. Gelegentlich kommt es vor, dass dabei sogar noch Schnee liegt, was dazu führen kann, dass die Bienen, von der Reflexion des Schnees irritiert, abstürzen, was leider fast immer einen recht schnell eintretenden Unterkühlungstod der mutigen Flieger nach sich zieht.

Aber nicht nur für Bienen ist der Reinigungsflug gefährlich. Auch das Auto der Nachbarn oder die frisch gewaschene, draußen aufgehängte Wäsche laufen große Gefahr, mit vielen kleinen braunen Kotspritzern übersät zu werden, was wiederum nicht immer Sympathiepunkte für die bienenhaltende Person vor Ort mit sich bringt. Hier hilft nur Aufklärung mittels eines vorwarnenden Gesprächs mit eventuell hiervon betroffenen Nachbarn. Sollte es doch zum Streitfall kommen, kann auch – je nach nachbarlicher Beziehungslage – auf das »Bürgerliche Gesetzbuch« (BGB) verwiesen werden. In diesem steht sinngemäß, dass hier eine Duldung durch die von dem kleinen Bombardement betroffenen Nachbarn zu erfolgen hat, sofern die Bienenhaltung als »ortstypisch« anzusehen ist. Als nicht »ortstypisch« anzusehen wäre es zum Beispiel, wenn der Nachbar im Schrebergartenverein spontan beschließt, seine Gartenparzelle in einen professionellen Imkereibetrieb umzuwandeln und die gesamte Fläche des kleinen Areals mit Dutzenden Bienenkästen vollstellt, sodass die anliegenden »Laubenpieper« aus dem Gartenverein vor lauter herumzischenden Bienen kaum noch die Karotte vor Augen sehen können und sich aus Angst vor den Bienen in ihre Gartenhütten zurückziehen müssen. Gegen wenige Bienenvölker im eigenen Garten mit ausreichendem Abstand zu nachbarlichen Grundstücken lässt sich jedoch schwerlich etwas sagen. Die Bienenhaltung sollte aber stets den örtlichen Gegebenheiten angepasst sein. Generell ist es wohl zu empfehlen, einen eventuellen Zuzug von Bienen immer vorher mit der anliegenden Nachbarschaft abzusprechen. Schon allein des lieben nachbarschaftlichen Friedens willen. Hilfreich für besagten Frieden ist es auch, die Nachbarschaft immer mal wieder mit einem Glas Honig zu beglücken. Sollte jedoch jemand in der näheren Umgebung eine Bienengiftallergie haben, ist es sicher ratsam, vorsichtshalber besser über einen anderen Standort für die Bienen nachzudenken.

Eine allmorgendliche Prozedur

Kaum dass der Hund seinen Kontrollgang durch den Garten beendet hat, scheint er nun voll und ganz auf seine anstehende Fütterung fokussiert zu sein. Zurück im Haus wirkt es, als gäbe es jetzt nur noch dieses eine Ziel – als wäre sein gesamtes Leben ausschließlich von dieser einen Futtergabe abhängig.

Den Blick voller aufmerksamer Spannung verfolgt er nun jeden Handgriff, ist er sich doch sicher, dass nun wie jeden Tag seine morgendliche Speisung folgen muss. Nähert man sich dem Schrank, in dem das Futter steht, scheinen seine Augen nochmals ein Stückchen größer zu werden. Öffnet man jetzt noch die Tür zum verheißungsvollen Schrank, scheint es, als bekäme ihn nichts und niemand aus seiner momentanen Fokussierung heraus. Geist und Körper sind jetzt gänzlich auf die anstehende Futtergabe konzentriert. Vermutlich könnte das Haus um ihn herum einstürzen und der Hund würde immer noch dastehen und voller Erwartung auf den Schrank mit dem so heiß begehrten Inhalt stieren.

Endlich erlöst von seinem sehnsüchtigen Warten, verschlingt er dann sein Futter, als gälte es, einen neuen Zeitrekord in der Kategorie Futteraufnahme aufzustellen. Mit Essen hat dies allerdings nicht mehr allzu viel zu tun. Es wirkt eher, als würde er versuchen, sein Futter wie ein Waran hinunterzuschlingen. Danach will er natürlich am liebsten gleich auf einen Spaziergang in den Wald, wo sicher schon frische Hasen-, Reh- und Wildschweinspuren auf ihn warten. Doch da muss er sich noch etwas gedulden.

Beim nachfolgenden Frühstück ist für ihn das einzig Spannende, ob nicht doch ein leckeres Stück Honigbrot vom Teller fällt. Doch dieser Wunsch bleibt ihm heute leider verwehrt.

Wer klopft denn da?

Die sich anschließende und vom Hund bereits erwartungsvoll ersehnte Gassirunde durch den unterhalb des Grundstücks direkt angrenzenden Wald ist ein fast täglich ausgeführtes Ritual, welches vor Beginn der Arbeiten an den Bienen eine Art Initiation in den Tag darstellt.

Direkt bei Eintritt in die dichte, Schatten spendende Vegetation des Waldes steigt auch schon der angenehme Duft von harzigen Kiefern und feuchtem Waldboden in die Nase. Waldgeruch, der nachweislich wohltuend auf die menschliche Psyche wirkt. Nicht nur, dass die wohlriechende Luft positiven Einfluss auf das Hormonsystem nimmt, sie enthält auch natürlich vorkommende, von den Bäumen zum Schutz vor Hitze und Schädlingen gebildete ätherische Öle, welche gesundheitsfördernd auf unser Atemsystem wirken.

Ein leises, gleichmäßiges Rauschen der sich im leichten Wind wiegenden Baumkronen liegt über dem gesamten Wald wie eine beruhigende Begleitsymphonie.

Zwischen den zahlreichen Kiefern findet man vereinzelt alte, riesengroße Buchenbäume, die mit ihrem mächtigen Stamm und ihrer alles überragenden Krone majestätisch zwischen den anderen Bäumen thronen und das sonst vorherrschende Dunkel des Kiefernwaldes mit einem belebenden, hellen Grün durchdringen.

Ein Schwarzspecht-Paar scheint wohl einen der mächtigen Rotbuchenstämme als diesjährigen Nistplatz für sich auserkoren zu haben. Immer wieder kann man die Vögel beim Ein- und Ausflug an ihrer Baumhöhle hoch oben in einem der riesigen Baumstämme beobachten. Gelegentlich kann man selbst am Haus noch den auffällig lauten Ruf des fast krähengroßen schwarzen Vogels vernehmen. Doch nicht nur sein Ruf eilt ihm voraus, auch sein lautes, intensives »Trommeln« ist in der Umgebung des Öfteren zu hören. Bei diesen etwa dreisekündigen Trommelwirbeln, welche primär der Revierfestigung, der Partnersuche sowie der Partnerschaftserhaltung dienen, schafft der Specht eine beeindruckende Schlagfrequenz von etwa 17 Schlägen pro Sekunde. Um bei den immerhin bis zu 25 Kilometern pro Stunde schnellen Aufschlägen mit dem Schnabel nicht jedes Mal ohnmächtig vom Baum zu fallen, hat die Natur die Spechte mit verschiedenen biologischen Anpassungen versehen. So füllt das Gehirn des Spechts zum Beispiel fast den gesamten Schädel aus, sodass dieses nicht wie unser mehr oder weniger in Hirnflüssigkeit schwebendes Gehirn beim Aufprall jedes Mal gegen die Schädelinnendecke geschleudert wird.

Für den Höhlenbau sucht sich der Specht meist bereits morsche Stellen im Baum, um es beim Nestbau nicht ganz so schwer zu haben. Auch wird eine sich bereits als geeignet erwiesene Höhle dann über viele Jahre hinweg immer wieder genutzt.

Nach dem Auszug der kleinen Schwarzspecht-Familie dienen die von dem Vogel gezimmerten Höhlen oft noch zahlreichen anderen Arten als Wohnstube. Schwarzspechte nehmen im Ökosystem somit quasi eine wichtige Rolle als »Höhlenlieferanten« ein. Neben zahlreichen Vogelarten wie beispielsweise dem Star, der Hohltaube oder verschiedenen Eulenarten zählen auch Fledermäuse und letztlich auch Insekten wie Hornissen, Wespen oder eben wilde Bienenschwärme zu den Nachnutzern des Schwarzspecht-Quartiers. Lange schon bevor die ersten »modernen Menschen« auf der Bildfläche der Evolution erschienen, zogen Wildbienenschwärme in die bereits vorgefertigten Baumhöhlen ein und fanden darin Schutz vor Wind und Regen. In letzter Zeit lebt die Form der Imkerei, bei der Bienen ganz ursprünglich in Baumhöhlen gehalten werden, wieder zunehmend auf und stößt auf immer mehr Interesse bei Bienenforschern – dazu jedoch an späterer Stelle mehr.

Doch so sehr die »Waldidylle« beruhigend auf Geist und Körper wirken kann, so sehr scheint sie heute im Hund das Gegenteil hervorzurufen. Angetrieben von den zahlreichen frischen Wildspuren vermindert permanent starkes Ziehen an der Laufleine das eventuell hätte aufkommen könnende Entspannungsgefühl und macht den morgendlichen Spaziergang eher zu einer Art Tauziehen. Der ihm innewohnende Jagdtrieb lässt den Hund am heutigen Morgen leider so ganz und gar nicht zu seiner »inneren Mitte« finden.

Expansion

Nun aber endlich an die Arbeit. Schließlich gibt es heute noch reichlich zu tun und die Bienen sind sicher auch schon längst fleißig.

Zu dieser Jahreszeit sind die Arbeiterinnen in Höchstform. Gilt es doch, möglichst viel Nektar und Pollen zu sammeln, um die inzwischen zahlreiche Bienenbrut bestmöglich mit Futter zu versorgen, damit das Volk recht schnell anwachsen kann.

Im Sommer kann solch ein Bienenvolk immerhin bis zu circa 60 000 Individuen zählen. Zum Winter hin schrumpft es dann auf »nur noch« etwa 5 000 Bienen.

Zielstrebig schießen die Bienen am Bienenstand nun durch die Luft, mit nur einem Ziel: die nächste nektarvolle Blüte an einem der zahlreichen Obstbäume im Garten.

Auch hat ihr Bautrieb stark zugenommen. Ein seit Millionen von Jahren vorhandener Instinkt treibt die Bienen jetzt dazu, ihr Nest zu erweitern und möglichst viele neue Zellen anzulegen, um so das Volk im Frühjahr immer mehr zu vergrößern. Um diesen Bautrieb auch ordentlich ausleben zu können und um den Bienen genügend Platz für den neuen Wabenbau zu bieten, muss man nun ihre Behausungen vergrößern. So wird den Bienen genügend Platz geboten, um auch den jetzt in größeren Mengen eingetragenen Honig einlagern zu können, ohne dass es zu eng wird in ihrem kleinen Heim und damit die Königin noch genügend leere Zellen findet, um ihre Eier hineinlegen zu können.

Eine sogenannte »Bienenbeute«, wie in der Imkerei auch zu den Bienenkästen gesagt wird, besteht aus mehreren einzelnen Teilen. Um dem Volk mehr Platz zu geben, kann man in der Regel einfach weitere Holzelemente mit neuen Wabenrahmen auf die vorhandenen Holzquader aufsetzen. Diese einzelnen quaderförmigen Holzelemente, in welche jeweils etwa zehn bis zwölf Wabenrahmen eingehängt werden können, werden in der Imkerei auch als »Zargen« bezeichnet. So kann ein Volk im Sommer durchaus drei oder mehr aufeinander stehende Zargen bewohnen. Der Honigvorrat wird dabei naturgemäß von den Bienen eher oberhalb des eigentlichen Brutnestes eingelagert. Eine wichtige Tatsache, die man sich in der Imkerei zur Honiggewinnung zunutze macht, wie wir noch sehen werden.

Um im Frühjahr keinen Platzmangel entstehen zu lassen, muss also rechtzeitig dafür gesorgt werden, dass genügend Zargen zum Aufsetzen zur Verfügung stehen. Meist steigt mit der Zeit, in der man Bienen hält, auch die Anzahl der zu betreuenden Völker von Jahr zu Jahr an. Oft als Liebhaberei mit zwei bis drei Bienenvölkern begonnen, sind es nach wenigen Jahren schon zehn bis zwanzig Völker. Das passiert oft ganz von allein. Spätestens dann merkt man, dass der Platz in der Garage oder im Keller neben den ganzen anderen dort abgestellten Dingen schlicht nicht mehr ausreicht, um all die Zargen, Wabenrahmen und anderen Imkereiutensilien zu lagern, und die Entscheidung, dass nun ein neuer, nur für die Imkerei zur Verfügung stehender Raum hermuss, wird zunehmend unumgänglich. So entstand vor vielen Jahren auch der kleine Holzanbau hinten am Haus, aus welchem man bei den Handwerksarbeiten an den Bienenkästen oder beim Vorbereiten der Rähmchen für das kommende Jahr einen wunderbaren Ausblick auf die Streuobstwiese hat. So geht die oft stundenlange, meist recht monotone Arbeit wesentlich leichter von der Hand.

Hat die Imkerei erst einmal eine gewisse Größe erreicht und die Anzahl an Bienenvölkern die Einhundertermarke überschritten, ist neben einem größeren Lager für die zunehmenden Imkereiutensilien auch ein zusätzlicher, größerer Raum für die Honigschleuderung und die hierfür eingesetzten Maschinen notwendig. Erweiterungen, die mit einem wachsenden Imkereibetrieb stets einhergehen. So sollte man die mit steigender Völkerzahl zusammenhängenden Ausgaben für den Aufbau einer größeren Imkerei nie unterschätzen. Auch variieren die Honigerträge von Jahr zu Jahr, sodass es nicht immer leicht ist, eine größere Bienenwirtschaft kostendeckend und profitabel zu betreiben. All dies sollte bedacht werden, bevor man sich entschließt, die Imkerei auszubauen.

Gesund durch Gift

Noch bevor es an die Arbeit an den Bienen geht, müssen nach dem langen Winter zunächst einige Sachen in der Bienenkammer vorbereitet werden.

Zuerst einmal wird überprüft, ob der Imkeranzug noch intakt ist oder nicht doch irgendwo ein Löchlein zu finden ist, durch welches die Bienen Zugang zum Inneren des Anzugs erlangen könnten, was meist äußerst unangenehme Konsequenzen für das Wohlbefinden der sich darin befindlichen Person mit sich bringt. Denn hat es eine der angriffslustigen Damen erst einmal in den Schutzanzug geschafft, ist sie kaum noch vom Stechen abzuhalten. Doch scheint hier alles in Ordnung zu sein. Offenbar haben weder Motten noch anderes Getier dem Baumwollstoff Schaden zugefügt.

Direkt unter dem während des Winters im Regal abgelegten Imkeranzug liegen auch noch die alten Lederhandschuhe – das

Leder inzwischen ganz fest und hart von der langen Zeit des »Nichtstuns«. Bedingt durch diese Steifheit lassen sich die Finger darin momentan nur recht mühsam bewegen. Doch wird sich dies nach einigen Minuten Arbeit an den Bienenvölkern durch die Bewegung und die Wärme der Hände schnell wieder ändern, sodass die Handschuhe fast zu einer zweiten Haut werden. Eine Lederhaut, über die man bei den Arbeiten an den Bienenvölkern oft sehr froh ist. Schließlich bewahrt sie einen sicherlich vor Hunderten von Bienenstichen im Jahr. Stets bereit zur Verteidigung ihres kleinen Reichs, greifen die Bienen nicht selten die in ihr Territorium eindringenden Hände an und versuchen, diese durch diverse Stiche von einem weiteren Vordringen abzuhalten.

Doch sind die Stiche nicht nur schmerzhaft. Tatsächlich kann so ein Bienenstich auch gesundheitlich positive Aspekte mit sich bringen. Zwar ist die Tradition der »Bienengifttherapie« in der westlichen Welt etwas verloren gegangen, doch ist die entzündungshemmende Wirkung bei rheumatischen Muskel-, Nerven- und Gelenkerkrankungen durchaus nachweisbar. Unter anderem regt das medizinisch so bezeichnete »Apitoxin« (vom lateinischen Begriff »apis« für Biene und dem altgriechischen Begriff »toxikón« für Gift) die körpereigene Cortisolbildung an. Vor allem in China ist diese Form der Bienengiftbehandlung noch stärker verbreitet. Doch hat das Gift auch noch weitere Auswirkungen auf unseren Körper. So wirkt es beispielsweise blutverdünnend und fördert so die Durchblutung, senkt das Cholesterin oder wirkt lindernd bei Nervenschmerzen. Generell scheint es einen positiven Einfluss auf unser Nervensystem auszuüben. Teilweise wird sogar versucht, es in sehr hohen Dosen zur Behandlung von Multipler Sklerose einzusetzen. Aber auch als Anti-Aging-Mittel findet das Gift in jüngerer Zeit vermehrt Anwendung. Hierbei wird sich die positive Wirkung auf die Kollagenbildung – welches als Strukturprotein für die Hautstabilität und Elastizität verantwortlich ist – zunutze gemacht. So soll es den Alterungsprozess abmildern und wird vereinzelt sogar als natürlicher Botox-Ersatz verwendet. Hat man allerdings berufsbedingt eine ohnehin erhöhte Stichquote, ist man froh über jeden Stich, der nicht die Haut erreicht – bekommt man doch über das Imkerjahr verteilt mehr als genug davon ab. Zwar zeigt der Körper nach den zahlreichen Jahren mit den Bienen kaum noch eine Reaktion auf die Stiche, doch als angenehm kann solch ein Stich nun trotzdem nicht bezeichnet werden.

Ein Wundermittel von Mutter Natur

Die im letzten Herbst von den Bienenbehausungen abgenommenen Holzzargen stehen nun aufeinandergetürmt in der Bienenkammer. Der gesamte Raum ist erfüllt vom Geruch nach Bienenwachs und dem alten Holz der Bienenkästen. Der harzige Kieferngeruch des Holzes vermischt mit dem leicht honigsüßen Geruch des Wachses ist durchaus angenehm in der Nase und verleiht dem Raum eine beruhigende Atmosphäre.

Im Herbst werden die obersten Zargen von den Bienenstöcken abgenommen, da die Bienen zum Winter hin ihr Brutnest verkleinern und nicht so viel Platz benötigen wie im Sommer. Nun im Frühjahr jedoch werden die Zargen neu aufgesetzt, damit die Völker wieder ausreichend expandieren können. Viele von den Holzelementen haben dieses Auf und Ab jetzt schon seit vielen Jahren mitgemacht und man sieht ihnen das Alter an einigen Stellen inzwischen bereits an.

Um Bienen und Umwelt zu schonen, werden die Zargen entweder gar nicht oder höchstens mit einfachem Leinöl von außen angestrichen. Trotz der permanenten Einwirkung verschiedenster Wetterkapriolen, von glühender Hitze über dauerhaften Regen bis zu tagelangen Frostperioden, tun sie dennoch immer noch ihren Dienst. Sicherlich ist hier und da eine kleine Reparatur oder Ausbesserung vonnöten – ein Riss, der mit einem passenden Brett abgedeckt werden muss, oder gelegentlich mal eine neue Schraube. Aber im Großen und Ganzen sind fast alle Holzteile nach den vielen Jahren im Außeneinsatz noch in Ordnung und einsatzfähig. Glücklicherweise sind die Bienen hier eher pragmatisch und interessieren sich nicht sonderlich für den äußeren »Look« ihres Hauses. Auch geht es hierbei nicht darum, einen Preis für die schönsten Bienenkästen zu gewinnen – zweckmäßig müssen sie sein, und dies haben sie nun bereits seit vielen Jahren unter Beweis gestellt.

Für die Innenbehandlung der Zargen sind die Bienen selbst verantwortlich. So werden diese von den Bienen von innen mit einer dünnen Schicht eines Stoffes überzogen, der gegen Bakterien, Viren und Pilze gleichermaßen wachstumshemmend wirkt. Auch kleine Risse und undichte Stellen werden damit von den Bienen »gekittet«. Generell überziehen die Bienen ohnehin so gut wie alles in ihrer Behausung mit diesem besonderen Material. Die Rede ist von »Propolis« – einer Art »Allroundmittel« im Bienenstock. So wie wir unsere Wände verputzen und streichen, so kleistern die Bienen die ihrigen mit Propolis ein. In der Imkerei wird dieser spezielle Stoff deswegen auch als »Bienenkittharz« bezeichnet. Sogar die Waben und das Innere der Brutzellen werden zum Schutz vor Bakterien, Pilzen und anderen Mikroorganismen mit Propolis überzogen. Hauptbestandteil des von den Bienen so großzügig eingesetzten Stoffes ist an Blütenknospen und Baumverletzungen gesammeltes Baumharz. Aber ebenso Bienenwachs, Pollenbestandteile sowie verschiedene ätherische Öle gehören zu den Inhaltsstoffen.

Und auch für uns Menschen ist Propolis ein Segen. Denn nicht nur Bienen setzen Propolis zur Bekämpfung von verschiedenen Krankheitserregern ein, auch wir haben es für uns entdeckt. Denn Propolis hat neben den bakterien-, pilz- und virenhemmenden auch wundheilende Eigenschaften. So wird Propolis heute in den verschiedensten Darreichungsformen wie Tinkturen, Salben, Bonbons, Mundwässern, Kapseln oder aber auch als Inhaltsstoff in Zahncremes angeboten. Äußerlich angewandt wird es oft zur Wundheilungsförderung und Desinfektion bei kleineren Haut- oder Schleimhautverletzungen, in Pflegeprodukten für Haut und Haare oder zur äußeren Auftragung gegen lokale rheumatische Beschwerden eingesetzt. Innerlich angewandt, zum Beispiel durch die Einnahme von

Kapseln oder durch das Kauen des Rohgranulats, wird Propolis eine förderliche Wirkung auf das Immunsystem nachgesagt. Da hierzu derzeit jedoch kaum aussagekräftige Studien vorliegen, sollte man mit derlei Heilsversprechen allerdings lieber vorsichtig umgehen.

Nachweisbar ist jedoch die keimhemmende Wirkung von Propolis. So nutzen die Bienen den Stoff nicht nur als »Wandfarbe«. Auch Fremdkörper werden im Bienenstock mit Propolis einbalsamiert. So wurden schon ganze Mäusekörper mumifiziert in einem dicken Mantel aus Propolis in Bienenstöcken gefunden.

Tatsächlich wurde bereits im Alten Ägypten unter anderem auch Propolis zur Einbalsamierung von Mumien genutzt. Generell fanden die Bienen einen ehrenvollen Platz in der Kultur des Alten Ägyptens. Im damaligen unterägyptischen Reich, das sich etwa um 3 000 v. Chr. mit dem oberägyptischen Reich vereinigte, wurde die Biene sogar als Wappentier eingesetzt. Die entsprechende Hieroglyphe wurde dabei mit übernommen und erlangte so eine bedeutsame Rolle in der ägyptischen Schriftsprache. Neben der sogenannten »Binsenhieroglyphe« wurde die »Bienenhieroglyphe« sogar als »Königshieroglyphe« eingesetzt, indem man sie vor den eigentlichen Namen des jeweiligen Pharaos stellte. So findet sich das Schriftsymbol für die Biene auch recht häufig in den ägyptischen Hieroglyphen der jahrtausendealten kulturellen Hinterlassenschaften.

Die Beziehung zwischen Menschen und Honigbienen geht allerdings noch viel weiter zurück. So entdeckten Wissenschaftler vor einiger Zeit eine Höhlenzeichnung in Spanien, die auf etwa 8 000 Jahre v. Chr. zurückdatiert wurde. Die Szenerie zeigt eine Person, die mit der rechten Hand in eine Art Bienennest zu greifen scheint und in der linken Hand ein vermutlich für die Honigwaben bestimmtes Sammelgefäß hält, während sie anscheinend von zahlreichen Bienen umschwirrt wird.

Ob die auf dem jahrtausendealten Bild abgebildete Person dabei auf einer Art selbst gebauter Strickleiter steht oder ohne Hilfsmittel zu den Bienen geklettert ist, lässt sich nur schwer erkennen. Jedoch erinnert die Zeichnung stark an die heute noch durchgeführte Praxis der Honigjagd in bestimmten Bergregionen Nepals, wo man tatsächlich immer noch Zeuge von solch waghalsigen Kletteraktionen zum Zwecke des Honigdiebstahls bei den in der Region wild lebenden Bienenvölkern werden kann – eine von Generation zu Generation weitergegebene Tradition der dortigen Bergbewohner.

Die mutigen Honigjäger klettern hierfür mittels vorab aus Naturmaterialien geknüpften Strickleitern und Seilen zu den an Felsvorsprüngen frei hängenden und somit sehr schwer erreichbaren Waben der dort vorkommenden »Riesenhonigbiene« (*Apis dorsata*) hinunter, um die großen, voll mit Honig gefüllten Waben abzuschneiden und anschließend in einem Korb hinunterzulassen.

Um die Bienen abzulenken, wird von unten her aufsteigender Rauch erzeugt. Gleichzeitig versucht der oben an der Felswand hängende Honigdieb möglichst behutsam vorzugehen, um die Bienen nicht allesamt zum Angriff übergehen zu lassen. Oft ist der so gefährlich an der handgeknüpften Strickleiter hängende Mensch kaum geschützt vor den schmerzhaften Stichen der Riesenhonigbienen – besitzen die nepalesischen Honigjäger doch meist nicht einmal einen Schutzanzug. Nicht selten kam und kommt es hierbei zu schweren Unfällen, wobei auch heutzutage immer wieder Menschen ums Leben kommen. Die gesamte Aktion ist durch und durch als lebensgefährlich zu bezeichnen. Und doch gilt es als besondere Ehre, zu den Bienen klettern zu dürfen. Und das Ansehen des gesamten Dorfes ist dem akrobatischen Honigdieb gesichert, sollte die Jagdgruppe anschließend mit Körben voll des flüssigen, süßen Goldes zurückkehren.

Glücklicherweise läuft die hiesige Honiggewinnung wesentlich ruhiger und gefahrloser ab. Und auch wenn der ein oder andere Stich oder gar mehrere Stiche auf einmal bei den Arbeiten an den Bienen nicht auszuschließen sind – lebensgefährlich wird es in der Regel nicht.

Dass die Beziehung zwischen Menschen und Bienen geschichtlich schon sehr weit zurückreicht, zeigen noch weitere wissenschaftlich interessante Funde. So fanden Forscher in Slowenien Überreste eines menschlichen Kieferknochens, welcher in die Jungsteinzeit vor etwa 6 500 Jahren zurückdatiert werden konnte und an dem man unter anderem einen Zahn mit einer Füllung aus Bienenwachs identifizierte. Dieses früheste Beispiel einer therapeutischen Zahnfüllung sollte vermutlich schmerzlindernd wirken und stellt wohl eines der ältesten Indizien für diese erste Form der »Zahnmedizin« dar.

Noch ältere Spuren von anhaftendem Bienenwachs zeigen archäologische Untersuchungen an Scherben von Tongefäßen aus Anatolien, welche auf bis zu etwa 9 000 Jahre zurückdatiert werden konnten. Mutmaßlich geht die Verwendung von Bienenwachs jedoch noch viel weiter zurück, wie Funde von etwa 50 000 Jahre alten Steinwerkzeugen aus Italien zeigen. Wissenschaftliche Analysen konnten daran Reste von Kiefernharz und Bienenwachs identifizieren. Vermutlich dienten diese Substanzen als eine Art Kleber, um Steinwerkzeuge an Griffen aus Holz und Knochen zu befestigen. Diese Werkzeugfunde werden den Neandertalern zugeschrieben und sind somit nicht nur ein Hinweis auf die schon weit zurückliegende Nutzung von

Bienenprodukten, sondern auch darauf, dass die mit uns verwandten Steinzeitgesellen keine primitiven Wilden waren, wie oft fälschlicherweise dargestellt, sondern durchaus auch relativ fortschrittliche Fähigkeiten bei der Fertigung von Werkzeugen zeigten. Das Bild des keulenschwingenden Primaten ist wohl inzwischen überholt.

Was qualmt denn da?

Hinten in der Ecke, über den Winter ganz eingestaubt, steht auch noch der alte und schon leicht angerostete »Smoker«. Als Smoker wird das Rauchgerät bezeichnet, mit dessen Hilfe man die Bienen einräuchert, bevor man es wagt, einzelne Waben aus dem Volk herauszuziehen.

Als Rauchmaterial kommen hier verschiedene Mittel wie zum Beispiel Sägespäne, Stroh, getrocknete Kräuter oder aber auch Tabakblätter zum Einsatz. Mittels eines am Gerät fest montierten Blasebalgs wird Luft in die zylindrische Brennkammer geblasen, um den Rauchvorgang anzuschüren und aufrechtzuerhalten.

Der somit erzeugte Rauch soll die Bienen in gewisser Weise ablenken. Hierbei wird der natürliche Instinkt der Bienen »missbraucht«, indem ihnen durch den Rauch ein Brand vorgegaukelt wird. Die Bienen reagieren darauf, indem sie ihren Honigmagen mit dem kostbaren Wabenvorrat füllen, um sich auf eine Flucht vor dem vermeintlichen Waldbrand vorzubereiten. Dies wiederum bringt sie zu einem gewissen Grad von ihrem natürlichen Angriffsverhalten ab.

Dieser »Trick« funktioniert zwar weitestgehend gut, überzeugt jedoch längst nicht jede Biene. Einige der Arbeiterinnen lassen sich davon nicht täuschen und gehen trotz aller Ablenkungsmanöver zum Angriff über. Für diesen Fall gibt es glücklicherweise noch den Imkeranzug. Aber auch dieser gibt letztlich keine finale Garantie dafür, von Stichen verschont zu bleiben. Oft verirren sich Bienen trotz aller Vorsichtsmaßnahmen in selbigen oder stechen gar durch den Stoff des Anzugs hindurch. Mit einigen Dutzend Stichen im Jahr muss man insofern schon rechnen. Da kann man noch so vorsichtig sein.

Der Smoker riecht noch nach den verbrannten Buchenspänen des Vorjahres. Das Leder des Blasebalgs ist nach den vielen Jahren im Einsatz schon ein wenig rissig und spröde, doch für diese Saison wird es wohl noch gehen.

Gleich daneben steht auch noch der halbvoll mit Buchenspänen befüllte Eimer. Buchenspäne vermischt mit etwas getrocknetem Rainfarn ergeben einen wunderbaren Rauchstoff für den Smoker. Getrockneter Rainfarn soll auf die Bienen beim Räuchern besonders beruhigend wirken. Schaden wird die Beimischung zumindest wohl nicht, zumal er beim Einräuchern der Bienen einen durchaus angenehmen Duft mit sich bringt.

Rekordleistung

Mit einer gewissen Vorfreude darüber, nun endlich wieder direkt mit den Bienen arbeiten zu können und nach der langen Wartezeit einen ersten Eindruck von dem Zustand der Bienenvölker zu bekommen, geht es nun frisch eingekleidet mit dem alten Imkeranzug und bewaffnet mit dem inzwischen bereits rauchenden Smoker zum Bienenstand am Hang oberhalb des Hauses.

Fast wie gemalt, stehen die Bienenstöcke idyllisch auf dem kleinen Wiesenhang, umrahmt von Sträuchern und kleinen Obstbäumen.

Bald schon wird die Wiese mit Hunderten weißen Margeritenblüten durchsetzt sein. Ein Phänomen, das nicht nur das eigene Auge erfreut, sondern auch die vielen kleinen Facettenaugen der Bienen. Denn auch Margeriten bieten ein Nektarangebot, welches den Bienen hier quasi direkt vor die Haustür gestellt wird. So lässt sich etwa ab Anfang Juni beobachten, wie unzählige Bienen zwischen den weißen Blüten hin und her summen, sich auf ihnen niederlassen und mit ihrem Saugrüssel den frischen Blütennektar aus den kleinen gelben Kelchen saugen. Ist ihr »Honigmagen« schließlich voll, fliegen sie zurück zu ihrem Bienenstock, um dort den gesammelten Nektar pflichtbewusst zur Weiterverarbeitung abzugeben.

Besagter Honigmagen dient den Bienen als eine Art Transportbehältnis für den gesammelten Nektar. Dieser kann bis zu etwa 20 Milligramm Nektar fassen. Um ihn zu füllen, muss eine Biene im Mittel etwa 100 Blüten besuchen und legt dabei im Schnitt einen Kilometer zurück.

Um also ein ganzes Kilogramm Honig zusammenzubringen, müssen etwa drei Kilogramm Blütennektar gesammelt, auf 50 000 Flügen etwa 15 000 000 Blüten besucht und insgesamt etwa 150 000 Kilometer zurückgelegt werden. Dies wiederum entspricht knapp dem vierfachen Erdumfang – eine unvorstellbare Leistung.

Circa 1 000 Blüten besucht eine einzelne Sammelbiene in ihrem Leben und produziert damit weniger als einen Teelöffel Honig. Für uns ist es nur ein Löffel Honig, für eine Biene das Leben.

Macht man sich diesen Sachverhalt beim Genuss des cremigen Goldes bewusst, erfüllt es einen immer wieder mit Dankbarkeit und Wertschätzung für dieses Geschenk der Natur und die Leistung der Bienen.

Doch auch rein wirtschaftlich betrachtet ist der »Wert« der Bienen nicht zu unterschätzen. So übersteigt der ökonomische Nutzen der Bestäubungsleistung rein rechnerisch den Wert der Honigproduktion um das Zehn- bis Fünfzehnfache und beläuft sich auf rund 70 Milliarden US-Dollar weltweit. Damit sind Bienen – beschränkt man seine Sicht ausschließlich auf den finanziellen Aspekt – eines der drei wichtigsten Nutztiere neben Rindern und Schweinen.

Abgesehen von der wirtschaftlichen Betrachtungsweise haben Bienen natürlich noch viel mehr zu bieten. Man denke beispielsweise nur mal an die zahlreichen Wildpflanzen, die durch die fleißigen Summer bestäubt werden. Die dadurch erbrachte »Ökosystemdienstleistung« ist schlicht unbezahlbar.

Sich zur Zeit der Margeritenblüte ganz ruhig in die Wiese zu legen und so ganz nah dem emsigen Treiben der Bienen an den Blumen zusehen und zuhören zu können, erfüllt einen immer wieder mit einer Art beruhigender Freude – einer Freude, die nicht mit Geld aufgewogen werden kann.

Beobachtungen am Flugloch

Angekommen an den Bienenstöcken kann man bereits die ersten Bienen mit dicken Pollenpaketen an den Hinterbeinen in die Fluglöcher einfliegen sehen. Eine Beobachtung, die nicht nur schön anzusehen ist, sondern auch auf eine gute Honigernte hoffen lässt. Nimmt man sich die Zeit und setzt sich ein paar Minuten neben die Bienenstöcke, um die Bienen an ihren Fluglöchern zu beobachten, kann man immer wieder lauter kleine, faszinierende und zugleich aufschlussreiche Beobachtungen machen. Lassen sich doch gerade hier zahlreiche Rückschlüsse auf den Zustand und das Wohlergehen der Bienenvölker schließen.

Neben den ein- und ausfliegenden Bienen kann man unter anderem auch sogenannte »Wächterbienen« am Flugloch beobachten. Die kleinen Pförtnerinnen kontrollieren jede einkehrende Biene auf ihre Volkszugehörigkeit, indem sie deren Geruch über die Antennen wahrnehmen. Stellt sich dabei heraus, dass die gerade kontrollierte Biene nicht zum eigenen Volk gehört, wird ihr der Eingang verwehrt. So kann man hin und wieder regelrechte Kämpfe an den Einfluglöchern der Bienenbehausungen beobachten. Kommt es zum Äußersten, setzen Wächterbienen sogar ihren Giftstachel zur Abwehr des fremden Eindringlings ein. Gleichzeitig wird ein Alarmpheromon freigesetzt, welches andere Bienen in Bereitschaft versetzt und zu Hilfe ruft.

Doch nicht nur Bienen mit einem fremden Geruch werden abgewehrt, auch Wespen und Hornissen gilt es, vom Eindringen in den Bienenstaat abzuhalten.

Gelegentlich wird aber auch ein leichtsinnig zu schnell an den Bienenstöcken vorbeieilender Mensch oder Hund zum Feind der Wächterbienen. Eine Tatsache, die einen aus zahlreichen leidvollen Erfahrungen heraus stets langsam und ruhig an den Bienenstöcken vorbeilaufen lässt – immer bedacht darauf, keine hektischen Bewegungen zu vollführen und so eventuell die Aufmerksamkeit der wachsamen Torhüter auf sich zu lenken.

Manchmal kann man auch beobachten, wie die Arbeiterinnen Müll oder sogar tote Bienen aus dem Stock tragen und versuchen, samt ihrem Gut abzuheben und davonzufliegen. Sofern es sich um kleinere Transportstücke handelt, gelingt ihnen dies meist auch. Doch sobald die zu transportierende Ware etwas schwerer ist, wie beispielsweise eine tote Biene, die es aus dem Stock zu entfernen gilt, plumpsen oft Biene samt Paket einfach vom Flugloch runter auf den Boden. Meist kann man daraufhin beobachten, wie die Biene versucht, alle ihre Kräfte zusammenzunehmen, um mit ihrem Transportgut doch noch vom Boden abzuheben. In der Regel jedoch vergeblich. Häufig versuchen es die emsigen Arbeiterinnen trotzdem minutenlang, müssen aber nach einer Weile aufgeben und fliegen zurück zu ihrem Stock.

Die ganze Aktion dient natürlich dazu, den Bienenstock möglichst rein und somit keimfrei zu halten, denn Bienen haben ein äußerst hohes Reinigungs- und Putzverhalten und mögen es besonders ordentlich in ihrer »guten Stube«. Kurz nach dem Winter finden sich oft zahlreiche tote Bienen am Boden des Bienenstocks – Bienen, die den Winter leider nicht überstanden haben. Diese werden im Frühjahr von den Arbeiterinnen dann möglichst rasch aus dem Stock gebracht, um die Sauberkeit und Ordnung im Bienenstaat wiederherzustellen.

Eine weitere spannende Beobachtung ist beispielsweise bei heißer Witterung möglich. Hier hängen oft ganze Bienentrauben aus Tausenden von Bienen direkt an den Fluglöchern herunter – ein sogenannter »Bienenbart«, wie man in der Imkerei aufgrund des Aussehens auch zu diesem Phänomen sagt. Im Sommer ist die Zahl der Bienen im Bienenstock besonders hoch. Um die Temperatur im Stock nicht weiter zu erhöhen, verlassen einige Bienen diesen und sammeln sich vor dem Flugloch. So kommen nach und nach immer mehr dazu, bis die Bienen wie eine Traube am Eingang zu ihrem Bienenstock herunterhängen. Hierbei verhaken sie sich mit ihren Hinterbeinen miteinander, sodass sie sich gegenseitig Halt geben. Eine Strategie des »Gerüstbaus«, die sie auch beim Nestbau sowie beim »Schwärmen« verwenden.

Im Spätsommer und Herbst hingegen – in Jahreszeiten also, in denen die Populationsgrößen ihrer ärgsten Feinde, der Hornissen und Wespen, am stärksten sind – lässt sich ein gänzlich anderes Phänomen beobachten. Hier sammelt sich oft eine kleinere Bienenschar vor dem Flugloch, um angreifende Wespen oder Hornissen abzuwehren. Nähert sich dann solch ein fliegender Feind dem Flugloch, warten sie, bis dieser nahe genug herangeflogen ist, um sich dann wie auf ein geheimes Kommando hin alle auf ihn zu stürzen. Oft hängen dann mehrere Bienen an einer Hornisse oder Wespe und reißen diese zu Boden, wo sie schließlich versuchen, den Feind mittels ihres Giftstachels zu töten. In der Gruppe ist dies natürlich wesentlich einfacher möglich als im Alleingang. Zumal sich Wespen und Hornissen durchaus zu wehren wissen. Dabei sterben die Bienen bei der Verteidigung ihres Reichs nicht zwangsläufig, denn ihr mit Widerhaken versehener Stachel bleibt meist nur bei uns Menschen und anderen Säugetieren mit einer dicken Lederhaut stecken. Bei anderen Insekten hingegen nicht zwingend.

Kuschelnde Bienen

So spannend und wertvoll die Beobachtung der Bienen an ihren Fluglöchern auch sein mag, kann dieser Beschäftigung leider nicht den ganzen Tag nachgegangen werden. Gibt es heute doch noch allerhand zu tun. Zahlreiche Bienenvölker müssen kontrolliert und mittels Aufsetzen weiterer Zargen erweitert werden, um den Bienen ausreichend Platz für die Einlagerung des frisch eingebrachten Nektars von den zahlreichen Obstbäumen in der Umgebung zu geben.

Den Winter haben die Bienen eng zusammengekuschelt in der sogenannten »Wintertraube« verbracht. Dabei bilden sie eine Art Wärmekugel im Stock, in deren Mitte es sich die Königin wohlbehütet den Winter über bequem macht. Dabei herrschen im Zentrum der Wintertraube gemütliche 25 °C vor. An den Randbereichen der Bienenkugel sollte die Temperatur nach Möglichkeit nicht unter 7 bis 8 °C absinken. Bienen aus dem kühlen Außenbereich werden immer wieder von aufgewärmten Bienen aus dem Innenbereich abgelöst, sodass in den kälteren

Außenbereichen der Kugel ein steter Wechsel vonstattengeht und so möglichst keine der Bienen den Kältetod erleiden muss. Die Königin des Staates macht es sich hingegen ausschließlich in der warmen Mitte der Winterkugel gemütlich und dringt nie in den kalten Randbereich vor. Sie ist wie der Goldschatz des zusammengekuschelten Volkes und muss auch im Winter vor jeglicher Gefahr bewahrt werden. Stirbt ein Volk dann doch, ist sie meist eine der letzten Überlebenden im Stock, da die Bienen alles dafür tun, damit es ihr gut geht und sie keinerlei Mangel erfahren muss.

Je kälter es ist, desto enger ziehen sich die Bienen zusammen. Ab Außentemperaturen von unter 10 °C kann man dieses Phänomen im Bienenstock beobachten. Das Warmhalten der Bienenkugel benötigt natürlich Energie. Diese ziehen die Bienen aus dem eingelagerten Honig im Randbereich der Winterkugel. Sollte dieser Vorrat allerdings zur Neige gehen, muss das Volk unweigerlich erfrieren. Somit ist es besonders wichtig, im Spätsommer und Herbst darauf zu achten, dass sich noch ausreichend Honig im Bienenstock befindet, damit die Bienen genügend Energiereserven haben, um den bevorstehenden Winter gut überstehen zu können.

Nun im Frühjahr hat sich die Winterkugel allerdings aufgelöst. Die Bienen füllen wieder den gesamten Kasten aus und sind emsig dabei, ihre Behausung auf Vordermann zu bringen und weiter auszubauen.

Es herrscht bereits reger Flugverkehr an den Bienenstöcken. Lautes Summen erfüllt die Luft. Zahlreiche Bienen schwirren um den Kopf, als würden sie schauen wollen, wer hier in ihr Revier eingedrungen ist. Die meisten lassen sich jedoch von ihrem zielstrebigen Flug zu den Blüten gar nicht ablenken.

Am Flugloch eines Bienenstocks aber scheint keinerlei Flugverkehr zu herrschen. Tote Bienen liegen auf dem Fluglochbrett und auch am Boden vor dem Stock sind lauter tote Bienenkörper zu finden. Bei näherer Betrachtung kann man kleine Nagespuren vorn am Holz des Einfluglochs sehen. Anscheinend hatte sich eine Maus im Winter Zugang zum Kasten verschafft, indem sie das Einflugloch mit ihren Zähnen so weit angenagt hatte, dass sie hindurchschlüpfen und so ins Innere der Bienenbehausung gelangen konnte. Vermutlich hat sich die Maus dort vom Wachs und den Honigvorräten der Bienen ernährt.

In der Winterkugel sind die Bienen wenig verteidigungsfähig und die räuberische Maus konnte sich in aller Ruhe von Wachs und Honig sowie den toten, heruntergefallenen Bienen ernähren – für eine Maus sicher ein Zustand wie im Schlaraffenland.

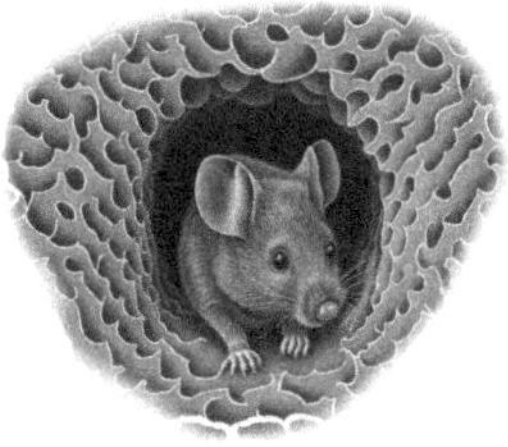

Für die Bienen hingegen ist eine solche Störung Stress. Wie bei uns Menschen kann dieser Stress auf Dauer natürlich auch auf die Gesundheit des Bienenvolkes schlagen. So müssen die Bienen stressbedingt mehr Nahrung in Form von Honig aufnehmen und es kommt deswegen beispielsweise häufiger zu Erkrankungen des Verdauungsapparates. Auch können Mäuse unsichtbare Fracht wie Bakterien und Viren einschleppen und die Bienen auf diese Weise ebenso schädigen.

Leider scheint es dieses Bienenvolk, dem fehlenden Flugverkehr nach zu urteilen, nicht über den Winter geschafft zu haben.

Im Winter ist es wichtig, die Bienen nach Möglichkeit in Ruhe zu lassen. Ein Öffnen des Kastens sollte nur in dringenden Fällen erfolgen. Mit einem einfachen Trick kann man aber den Zustand der Bienen auch von außen gut beurteilen. Hält man sein Ohr direkt an das Holz des Bienenkastens und klopft dabei leicht an die Behausung, kann bei gesunden Bienenvölkern ein kurzes, aber deutliches »Aufbrausen« aus dem Inneren vernommen werden, als würden die Bienen sich gegenseitig in Alarmbereitschaft versetzen und aufwecken wollen. Je nach Intensität dieses Aufbrausens der Bienen lassen sich mit etwas Erfahrung Rückschlüsse auf die Größe und Vitalität des im Bienenkasten befindlichen Volkes ziehen. So kann man die Gesundheit des Volkes gut abschätzen, ohne es direkt stören zu müssen. Dringt ein lautes und starkes Brausen an das auf das Holz aufgelegte Ohr, wird es dem Volk wohl gut gehen – es ist stark und vital. Hört man hingegen nur vereinzelte helle Summtöne und muss schon genau hinhören, um überhaupt etwas wahrzunehmen, ist zu befürchten, dass das Volk in keinem besonders guten Zustand ist und den Winter eventuell nicht überlebt. Ist überhaupt keine Reaktion mehr auf das Anklopfen hin zu vernehmen, hat man entweder ein Problem mit den Ohren oder es leben schlicht keine Bienen mehr in diesem Stock.

Manchmal ist es im Winter aber auch zu kalt, um das Ohr direkt an das Holz der Bienenkästen zu legen. Mit einem kleinen Kunstgriff kann man das Aufbrausen der Bienen trotzdem gut hören. So wie man in der Medizin mit dem Stethoskop den Herzschlag einer Person abhört, kann man damit quasi auch den Herzschlag der Bienenvölker abhören – ein Tipp, der einst von einem befreundeten älteren Imker mit nicht mehr allzu gutem Hörvermögen kam.

Der Klopftest am Kasten des scheinbar leblosen Volkes bestätigt leider die traurige Vermutung. Das gewohnte Aufbrausen der Bienen bleibt aus. Es dringen keinerlei Geräusche mehr aus dem Inneren der Behausung. Das Volk scheint bedauerlicherweise tot zu sein. Der Kasten wird später geöffnet und ausgeräumt werden müssen.

Mit Verlusten muss man in der Imkerei jedoch rechnen. Dass nicht immer alle Völker über den Winter kommen, ist wie bereits erwähnt durchaus normal, wenn auch immer wieder traurig.

Den restlichen Völkern am Bienenstand scheint es jedoch dem ersten Eindruck nach ganz gut zu gehen.

So ist jeder Bienenkasten bei der ersten Frühjahrsdurchsicht wie ein großes Überraschungsei. Man weiß nie so genau, was man darin vorfindet. Das eine Bienenvolk hat den zur Verfügung stehenden Platz schon voll eingenommen und muss dringend mit einer weiteren Zarge erweitert werden. Das andere hat bisher kaum Brut angelegt, scheint aber sonst vital zu sein. Das nächste wiederum hat kaum noch Honigvorräte, aber dafür alle Waben voll mit Eiern und Jungbrut. So ist es immer wieder spannend, nach einem langen Winter einen ersten Blick in die Bienenvölker werfen zu dürfen. Geht es den Völkern im Großen und Ganzen gut und haben sie bereits ordentlich viele Brutzellen angelegt, ist dies natürlich immer Anlass zur Freude.

So ist jedes Bienenvolk individuell. Auch gibt es große Unterschiede im Verhalten der Völker. Während sich die Bienen eines Volkes kaum für die Störung durch die Kontrolle interessieren und trotz des Ziehens einzelner Waben unbeeindruckt weiter ihren Arbeiten auf selbigen nachgehen, kommen einem die Bienen eines anderen Volkes direkt schon beim Öffnen des Deckels aggressiv entgegengeflogen, bereit, ihr Leben zur Verteidigung des Stocks zu opfern.

Diese Individualität ist wichtig, damit die Bienen als Art gut auf die verschiedenen Gegebenheiten der Umwelt reagieren können – ebenso wie es für die menschliche Entwicklung wichtig war, dass wir nicht alle gleich sind, sondern unterschiedliche und variierende genetische und kulturelle Eigenschaften haben, um differenziert auf sich ändernde Umweltbedingungen reagieren zu können und so einen evolutionären Prozess überhaupt erst zu ermöglichen. Nur so konnten sich die verschiedenen Arten immer wieder an die sich oft dramatisch veränderten Bedingungen unserer Umwelt anpassen und sich weiterentwickeln.

Und so ist es auch wichtig und gut, dass jedes Bienenvolk anders ist. So übersteht das eine Bienenvolk einen sehr langen und nasskalten Winter besser als ein anderes. Die Variation der Anpassung als Triebfeder der evolutionären Weiterentwicklung ist auch bei den Bienen von überlebenswichtiger Bedeutung. Wären alle Völker gleich, ist das Risiko, dass durch sich ändernde Umweltbedingungen alle Völker auf einmal sterben, wesentlich höher.

Ein besonderer Duft

Vor der Öffnung des ersten Bienenkastens wird der Blasebalg des Smokers noch ein paarmal betätigt, um sicherzugehen, dass die Glut im Rauchbehälter nicht erlischt.

Aus dem oben am Smoker gelegenen Rauchaustrittsloch steigt nun dicker weißer Qualm empor. Der intensive Geruch glimmender Buchenspäne liegt in der Luft. Oft genug steht man bei den Arbeiten an den Bienenvölkern in einer Wolke aus Rauch, sodass es in Nase und Augen nur so brennt. Neben den zahlreichen Stichen ist dies ein weiteres in Kauf zu nehmendes kleineres Übel, dem man als Imker regelmäßig ausgesetzt ist. Doch gleicht die Freude an den Bienen die geringfügigen Nachteile mehr als ausreichend aus.

Vorsichtig und neugierig wird jetzt der Deckel des ersten Volkes abgehoben. Direkt darunter befindet sich noch eine transparente Kunststofffolie, welche auf der obersten Zarge liegt, damit die Bienen beim Abheben des Deckels nicht gleich auffliegen. So kann man auch immer mal einen Blick auf das Volk werfen, ohne in direkten Kontakt mit den Bienen kommen zu müssen.

Unter der Folie wimmelt es nur so von Bienen. Die durch die plötzliche Helligkeit in Aufregung versetzten Bienen geraten jetzt zunehmend in Bewegung – ein aufgeregtes Hin und Her wie auf einem überfüllten Passagierbahnhof. Dieses Volk scheint recht stark zu sein und es wird wohl allerhöchste Zeit, den Bienen mehr Platz zu geben, um ihrem intensiven Bautrieb auch ausreichend Spielraum zu liefern.

Langsam wird eine Ecke der oben aufliegenden Folie angehoben, gefolgt von ein paar Rauchstößen des Smokers in das Bienenvolk. Kurz darauf ziehen sich die oben auf den Waben aufgeregt herumkrabbelnden Bienen zurück und man kann die Folie gänzlich abziehen. Auch sie wurde am Rand von den fleißigen Arbeiterinnen bereits mit Propolis angekittet, um jegliche Ritzen abzudichten, damit ihr Zuhause möglichst zugfrei bleibt und unwillkommenen Besuchern wie Ameisen oder Wachsmotten der Zugang erschwert wird.

Was nun sichtbar wird, freut einen als Imker besonders. In den oberen Zellen der Waben wurde bereits frischer, gelblichglänzender Honig eingelagert. Frisch in die Zellen eingetragener Nektar muss zunächst noch reifen, da sein Wassergehalt bei der Einlagerung in die Waben noch zu hoch ist. Erst wenn der Wassergehalt einen Wert von etwas unter zwanzig Prozent hat, wird die frisch befüllte Vorratszelle mit einer dünnen Wachsschicht wie mit einem Deckel verschlossen, denn nur so ist eine lange Haltbarkeit des eingelagerten Honigs gewährleistet. Auch bei der späteren Honigernte ist stets darauf zu achten, dass mindestens zwei Drittel der Zellen einer Wabe verdeckelt sind, bevor man sie entnimmt, da sonst die Gefahr besteht, zu feuchten Honig zu ernten, der später aufgrund des zu niedrigen Zuckergehalts in Gärung gehen kann. Im Idealfall ist bereits die gesamte Wabe verdeckelt, bevor man die Wabe zur Honigernte entnimmt.

Den Wassergehalt im Honig kann man mittels eines sogenannten »Handrefraktometers« kontrollieren, auf dessen lichtdurchlässige Fläche man einen Tropfen des zu untersuchenden Honigs aufträgt und welches dann über den Lichtbrechungsindex der Probe den genauen Wassergehalt anzeigt. Über die vielen Jahre als Berufsimker und den damit verbundenen zahlreichen Honigernten hat sich inzwischen aber auch ein gewisses »Gespür« für den Honig entwickelt, sodass bereits an dessen Fließverhalten und Konsistenz gut abschätzbar ist, ob dieser schon erntereif ist oder ob lieber noch ein wenig mit der Entnahme gewartet werden sollte.

Direkt nach dem Öffnen der hölzernen Bienenwohnung steigt ein angenehm warmer und intensiver Geruch aus dem Bienenstock in die Nase. Durch den nun frisch in die Waben eingebrachten Honig wird dieser besondere Bienenduft noch einmal verstärkt.

Dieser den Winter über bereits vermisste süßliche Geruch in der Luft ist ein durch die Bienen angewärmtes Dampfgemisch, angereichert mit den verschiedensten Inhaltsstoffen aus Honig, Wachs, Propolis, Pollen und vielen weiteren natürlichen Stoffen, wie zum Beispiel bestimmten ätherischen Ölen sowie zahlreichen unterschiedlichen Flavonoiden, welche in der Natur unter anderem für die Farbgebung von Blüten mitverantwortlich sind.

Doch riecht diese ganz besondere Luft aus dem Bienenstock nicht nur gut, sie dient auch der Hygiene im Bienenvolk. Gerade die Dämpfe aus dem überall im Bienenstock eingesetzten Propolis, aber auch die in der Bienenstockluft vorkommenden Flavonoide und ätherischen Öle sind der Optimierung des Raumklimas in der Bienenbehausung förderlich.

Ein intensiver, äußerst angenehmer und sinnlich wohltuender Geruch, der das Arbeiten an den Bienenvölkern noch einmal ein wenig mehr versüßt. Ein Duft so intensiv, dass man ihn teils schon in der Umgebung des Bienenstandortes am Wiesenhang wahrnehmen kann. Bei schönem Wetter kann man schon mehrere Meter von den Bienenstöcken entfernt riechen, welche Art von Honig momentan hauptsächlich durch die Arbeiterinnen in den Stock eingetragen wird. Weiß man aus Erfahrung nach den unzähligen Honigernten doch schon genau, wie die einzelnen Honigsorten der vielen unterschiedlichen Blüten riechen. Dabei unterscheiden sich die Düfte des von den Bienen eingetragenen Nektars oft sehr.

Blühen die Linden, liegt ein zartsüßliches Lindenblütenaroma in der Umgebungsluft des Bienenstandes. Stellt man die Bienenstöcke zur Blütezeit des Heidekrauts in die Heide, nimmt die Luft in der Umgebung der Bienen oft den sehr intensiven Geruch des würzigen Heideblütenhonigs an. Und kommt man in das seltene Vergnügen, dass ein Buchweizenfeld im Flugradius der Bienenvölker liegt, kann man den getreideartigen und leicht medizinischen Geruch von Buchweizenhonig rund um den Bienenstand wahrnehmen. Vermischt mit den feinen Nuancen von Wachs und Propolis ergibt dies oft einen äußerst angenehm riechenden Duft im Umfeld der Bienenstöcke.

Doch ist dieses besondere Luftgemisch nicht nur gut für die Hygiene im Bienenvolk, auch der Mensch macht sich die heilsame Wirkung der Bienenstockluft inzwischen zunutze. So wird dieses spezielle Dampfgemisch auch zu therapeutischen Zwecken in der sogenannten »Apitherapie« (Bienenheilkunde) eingesetzt.

Um das von den Bienen erwärmte Dampfgemisch auch für den Menschen therapeutisch nutzbar machen zu können, wurden spezielle Inhalationsgeräte entwickelt, mit deren Hilfe man in der Lage ist, die wohltuende Luft aus dem Bienenstock optimal zu inhalieren, ohne sich dabei der Gefahr, gestochen zu werden, aussetzen zu müssen.

Hierbei wird das Gerät auf die oberste Zarge des Bienenkastens gestellt. Ein kleiner Ventilator im Inneren der sonderbaren Gerätschaft saugt die Luft aus dem Bienenstock und ventiliert diese anschließend über einen medizinischen Atemschlauch in die Atemmaske des Patienten. Sofort kann man den wohlriechenden Duft aus dem Bienenstock wahrnehmen. So können auch Personen völlig ohne Imkerei-Erfahrung in den Genuss des wohlriechenden Luftgemisches kommen.

Dabei sitzt der Anwender meist in einer Holzhütte, in deren Inneren auch die Bienen stehen, die jedoch, um eine Stechgefahr während der Anwendung auszuschließen, nur nach außen hin an- und abfliegen können. Somit kann man die Bienen durch ein Sichtfenster bei ihrem Flug beobachten, während man ganz gemütlich und geschützt vor feindseligen Übergriffen im Inneren der Hütte sitzen und den angenehm wohltuenden

Duft des Bienenstocks inhalieren kann. Allein schon die Geruchserfahrung ist dabei ein einmaliges Erlebnis.

Doch soll dieses spezielle Dampfgemisch aus den mannigfaltigen Bestandteilen eines Bienenstocks nicht nur angenehm für die Sinne sein, es soll auch heilsame Wirkung auf die verschiedensten, besonders im Atemwegsbereich liegenden Krankheiten haben. Anwenderinnen und Anwender berichten immer wieder von beeindruckenden Heilerfolgen. So sollen schon zahlreiche von Heuschnupfen geplagte Patienten nur durch wenige Behandlungssitzungen von ihrem Leid befreit worden sein oder zumindest eine wesentliche Verbesserung ihrer Allergie verspürt haben. Aber auch bei Nasennebenhöhlenentzündungen, Asthma, Bronchitis oder allgemeiner Infektanfälligkeit soll diese Art der Anwendung schon zahlreichen Menschen geholfen haben. Abgesehen von der beruhigenden Wirkung kann man wissenschaftlich bisher jedoch schwer sagen, ob ein tatsächlicher, nicht vom Placeboeffekt abhängiger Heilerfolg vorliegt.

Chemiker der TU Dresden haben diese Form der Apitherapie allerdings einmal genauer unter die Lupe genommen und versucht, die chemische Zusammensetzung der im Bienenstock befindlichen Luft mittels des speziellen Verfahrens der Gaschromatografie-Massenspektrometrie zu analysieren. Hierbei konnten die Forscher über fünfzig verschiedene Inhaltsstoffe identifizieren, die größtenteils dem im Bienenvolk befindlichen Wachs und Propolis entstammen. Unter diesen Stoffen befanden sich viele, die nicht nur als gesund für die oberen Atemwege gelten, sondern auch dem Herz-Kreislauf-System zugutekommen sollen.

Klar ist: Dieser Bereich ist noch lange nicht vollständig erforscht, sodass wir sicherlich noch viele weitere spannende Entdeckungen diesbezüglich erwarten dürfen. Die Nachfrage nach Möglichkeiten, diese Art der Apitherapie anwenden zu können, steigt jedenfalls, sodass immer mehr sogenannte »Bienenstockluft-Therapiezentren« aufmachen und somit ihren Kunden ermöglichen, die gesunde und wohlriechende Luft aus dem Bienenstock zu inhalieren.

Obwohl die fehlende Studienlage keine klaren Aussagen zur tatsächlichen Heilwirkung der Stockluftherapie zulässt, ist es allemal eine interessante Erfahrung, schon allein aufgrund des einzigartigen Geruchserlebnisses.

Das Idealbild eines Bienenstaates

Die vom Rauchstoß aus dem Smoker bislang nicht vertriebenen, auf den oberen Holzträgern der Wabenrahmen noch aufgeregt herumrennenden Bienen scheinen nun doch etwas verärgert über die plötzliche Öffnung und die ungewöhnlich hohe Luftzufuhr in ihrer Behausung zu sein. Ist dies doch ein ungewohnter und empörender Eingriff in ihre Privatsphäre, der die Bienen verständlicherweise umgehend in Alarmbereitschaft versetzt. Einzelne Bienen strecken bereits abwehrbereit ihren Hinterleib mit dem herausgestreckten spitzen Stachel nach oben, um den eindringenden Feind somit gleich willkommen heißen zu können. Zwei erneute Rauchstöße aus dem Smoker lenken die kleinen bewaffneten Freunde jedoch rasch ab und sie treten zunächst ebenfalls den Rückzug in tiefergelegene Gefilde ihrer Behausung an.

Das Volk sitzt derzeit noch auf nur zehn Wabenrahmen, auf denen es auch den Winter verbracht hat. Doch wird ihnen der zur Verfügung stehende Platz nun schon bald nicht mehr ausreichen. Es ist allerhöchste Zeit, den fleißigen »Immen«, wie die Arbeiterinnen in der Imkerei auch genannt werden, mehr Raum zu geben.

Durch vorsichtiges Anheben der Bienenkiste von hinten kann man mit etwas Erfahrung gut abschätzen, wie viel Honigvorrat das Volk eingelagert hat. Das Gewicht dieses Kastens verrät, dass die Bienen hier auf jeden Fall ausreichend Futter zu haben scheinen und man sich über ihre Energieversorgung keine Sorgen zu machen braucht.

Dies ist gerade am Anfang der Blühsaison, wenn die Königin bereits zahlreich für hungrige Nachkommenschaft gesorgt hat, wichtig, da es im Frühjahr immer mal noch zu Kälteeinbrüchen oder längeren Regenperioden kommen kann – denken wir nur mal an die berüchtigten »Eisheiligen«. Für solche Fälle sind die Bienen auf ihre Reserven angewiesen. Der Futterverbrauch steigt durch die in Gang gekommene Bruttätigkeit zum Frühjahr hin stark an. Sollte der Futtervorrat im Volk während einer längeren Kälteperiode zur Neige gehen, kann es dazu kommen, dass das Volk es nicht mehr schafft, für sich und die Jungbrut genügend Wärme zu erzeugen, was letztlich zum Verhungern und Erfrieren der Bienen und ihrer Brut führen kann – obwohl der Winter eigentlich schon vorbei ist. Kommt es tatsächlich einmal zu so einer Misere, erwartet einen dann bei der Kontrolle des Volkes das traurige Bild Tausender toter Bienen auf den Waben und auf dem Boden des Bienenkastens sowie der Anblick abgestorbener Jungbrut in den Zellen. Ist gleichzeitig keinerlei Honig mehr in den Waben zu sehen, kann man davon ausgehen, dass das Volk verhungert ist. Deswegen ist es wichtig, regelmäßig den noch vorhandenen Futtervorrat der Völker zu kontrollieren. Sollte es in den kalten Monaten hier mal zu einem Mangel bei einem oder mehreren Völkern kommen, hat man bei ausreichender Vorsorge die Möglichkeit, für diesen Zweck extra eingelagerte »Futterwaben« mit vollgefüllten Honigzellen in die jeweiligen Bienenkästen einzuhängen, um so die notwendigen Futterreserven aufzubessern.

Dem eben geöffneten Volk scheint es jedoch äußerst gut zu gehen. Betreibt man die Imkerei bereits seit einigen Jahren, fällt es nicht schwer, mit einem kurzen Blick in das Volk die wichtigsten Fragen rund um dessen Zustand beantwortet zu bekommen. Wie weit entwickelt sind die Bienen? Haben sie genügend Futtervorrat? Wurde bereits Pollen eingetragen? Wie viel Brut wurde schon angelegt und wie geht es der Königin? Hierfür reichen dem geschulten Imkerauge bereits ein bis zwei herausgezogene Waben aus dem Zentrum des Bienenvolkes.

Nun, nach der langen Zeit des Winters ohne direkten Kontakt zu den Bienen, tut es gut, wieder mit den Bienen arbeiten und erneut in ihre faszinierende Welt eintauchen zu können. Gerade die ersten Arbeiten im Frühjahr sind hierbei besonders beglückend, da man den Völkern regelrecht beim »Aufblühen« zusehen kann. Mit der Neugeburt der Natur scheint auch die Lebenskraft der Bienen zu erwachen, sodass es trotz der langen Zeit als Imker immer wieder faszinierend ist, dieses sich alljährlich wiederholende Erstarken bei den Bienen beobachten zu können.

Die zuerst aus dem Bienenvolk gezogene Wabe stellt förmlich das Idealbild einer Bienenwabe dar. Im unteren Drittel zeigt sich ein vollständig gefüllter Brutbereich mit bereits zu Maden entwickelter Jungbrut. Jede dieser heranwachsenden Maden liegt in einem kleinen, weißlich glänzenden Tropfen aus Futtersaft. Dick und rund kleben sie am Boden ihrer Zellen. Von einem Futternotstand kann hier eher keine Rede sein.

Am Rand der Brutfläche mit den bereits zu Maden entwickelten Jungbienen lässt sich bei genauer Betrachtung halbkreisförmig darum liegend ein schmaler Streifen mit Zellen erkennen, auf deren Boden noch kleine weiße, etwa drei Millimeter lange Eier zu sehen sind, welche die Königin vor nicht allzu langer Zeit erst in die Zellen gelegt haben muss. Hält man die Wabe leicht schräg gegen die Sonne, kann man die Eier am Boden der Zellen besonders gut erkennen. Dem allgemeinen »Brutbild« nach zu urteilen, scheint die Königin den Winter gut überstanden zu haben und bei bester Gesundheit zu sein.

Sobald sich aus den Eiern Maden entwickelt haben und diese dann fett und groß genug sind, werden die jeweiligen Zellen von den Arbeiterinnen mit einem Wachsdeckel verschlossen. Die Maden im Inneren der Brutzellen beginnen anschließend – durch ihren Kokon aus Wachs ungestört von der Außenwelt – mit ihrer Metamorphose zur Biene. So werden sie als Made eingeschlossen und kommen Tage später als fertige Biene wieder heraus. Hierbei laufen grundlegende Umbauprozesse im Körper der sich entwickelnden Jungbienen ab. Schließlich muss aus einer Made ohne jegliche Gliedmaßen bereits in kurzer Zeit eine fertige Biene mit Beinen, Augen und Flügeln entstehen. Von der Verdeckelung der Zelle bis zum Schlupf der voll entwickelten Arbeiterin dauert es circa dreizehn Tage.

Manchmal hat man das Glück, einer Biene beim Schlüpfen aus ihrer Zelle zusehen zu können. Mit ihren Mundwerkzeugen nagen die dann fertig entwickelten Bienen ein kleines Loch in den Wachsdeckel ihrer Brutzelle, bis dieses schließlich groß genug ist, dass sie hindurchschlüpfen können. Ein stets faszinierender Vorgang, besonders wenn man den Zustand mit dem relativ einfachen Madenstadium vergleicht, in dem sich die fertig entwickelte Jungbiene noch wenige Tage zuvor befunden hatte. Es ist immer wieder erstaunlich, wie wahnsinnig schnell dieser Umbauprozess vonstattengeht. Von der Gliederung des Körpers in unterschiedliche Segmente über die Ausbildung der Extremitäten bis hin zur Entstehung der überaus komplexen Facettenaugen vergehen schließlich nur wenige Tage.

Rings um die Brutfläche, die im unteren Bereich insgesamt etwa zwei Drittel der Wabe einnimmt, haben die Bienen am oberen äußeren Rand der Wabe Honig eingelagert, sodass einem dieser gelblich-schimmernd aus den Honigzellen entgegenglänzt. Drückt man mit dem Finger leicht auf die randvoll gefüllten Honigzellen, wird etwas Honig aus den Zellen herausgepresst, sodass man bereits eine kleine Fingerkuppe voll des köstlichen Gutes der Bienen kosten kann. Der blumige und süße Geschmack frischen Obstblütenhonigs liegt auf der Zunge und entfaltet seinen aromatischen Duft in der Nase. Eine kleine Kostprobe, die man sich als Imker schon gelegentlich mal gönnen kann. Die Bienen werden den geringfügigen Schaden an ihrem Wabenwerk schnell repariert haben.

Willkommen

Hunderte von Bienen laufen auf der gerade aus dem Stock gezogenen Wabe umher, wie lauter kleine Roboter an nichts anderem interessiert, als ihren jeweiligen Aufgaben nachzugehen.

Von der Wabe selbst ist kaum etwas zu sehen, da sie fast überall von den fleißigen Arbeiterinnen verdeckt wird. Mit einem leichten Pusten lassen sich die Bienen kurzzeitig etwas vertreiben, sodass man einen besseren Blick auf die darunterliegenden Zellen erhaschen kann.

Und tatsächlich! Beim erneuten Blick auf die Brutfläche kann man einer Jungbiene beim Schlüpfen aus ihrer nun zu eng gewordenen Wachszelle zusehen. Das kleine braune Deckelchen, welches in der letzten Entwicklungsphase zur Biene von oben die Brutkammer verschloss, hat sie mit ihren Mundwerkzeugen schon fast gänzlich aufgenagt. Mit aller Kraft drückt sie zunächst ihren Kopf samt den riesigen Facettenaugen mit den Fühlern voran durch die Öffnung. Kurz darauf folgt das erste Beinpaar, mit dessen Hilfe sie versucht, den restlichen Körper nachzuziehen. Es dauert einige Sekunden, bis ihr dies gelingt. Doch dann schafft sie es und beginnt sogleich etwas wackelig auf der Wabe herumzulaufen. Ihr Fell ist noch ganz hell und glatt, nicht so ausgelichtet und verdunkelt wie das der älteren Arbeiterinnen. Ihre Flügel liegen noch eng und leicht zerknittert am Körper und müssen sich erst noch zu ihrer vollen Pracht entfalten. Es wird nicht lange dauern und die kleine Jungbiene wird ihren Dienst aufnehmen. Dieser beginnt in den ersten Tagen zunächst mit einfachen Putztätigkeiten im Volk. Aber auch das Wärmen der Brut gehört anfänglich zu ihren Aufgaben. Ab etwa dem dritten Lebenstag wird das fleißige Bienchen anschließend mit der Fütterung der Jungbrut beschäftigt sein. In der zweiten Woche ihres Daseins steigt sie dann zur Bauherrin auf und darf am Wunderwerk des Wabenbaus mitwirken – der heiligen Wachskathedrale des Bienenvolkes. Danach wird es dann etwas abwechslungsreicher und sie sieht zum ersten Mal in ihrem Leben die Sonne sowie die ihr kleines Zuhause umgebende Natur. Denn ungefähr ab dem sechzehnten Tag beginnt sie mutig mit ersten kurzen Orientierungsflügen, auf denen sie sich die Umgebung sowie den Standort des Stocks fest in ihr kleines Bienengehirn einprägt, um ihn später zielsicher immer wiederfinden zu können. In dieser Zeit etwa übernimmt sie die ehrenvolle Aufgabe der Türsteherin und kontrolliert jede einfliegende Biene, die in den Stock will, auf ihre Zugehörigkeit. Passt ihr der Geruch einer ankommenden Biene nicht, wird diese abgewiesen – notfalls mit Mitteln der Gewalt. Hierbei kommt es durchaus des Öfteren auch zu regelrechten Kämpfen unter den Bienen.

Und dann, endlich, nach dem zwanzigsten Lebenstag etwa, erfolgt der Ritterschlag – die kleine Biene wird zur Sammlerin befördert. Ab jetzt darf sie ausfliegen und auf langen Flügen über Wiesen und Wälder nach Nektar und Pollen für das Volk suchen. Hierbei gilt es, zahlreiche Abenteuer zu bestehen. Große und kleine Gefahren lauern dabei an jeder Ecke. Dies fängt schon bei Windböen an, welche den Bienen den Weg und die Suche erschweren. Wobei es bei stärkeren Winden sogar vorkommen kann, dass sie ungewollt in eine Pfütze, einen Teich oder ein anderes Gewässer gepustet werden und dort bruchlanden müssen. Kommt die so unglücklich abgestürzte Biene dann aus dem Gewässer nicht mehr von allein heraus, ist es schlecht um sie bestellt.

Oben am kleinen Teich über der Hangwiese kann man oft Zeuge von derlei Dramen werden und unfreiwillig im Wasser gelandete Bienen beobachten.

Doch sind die Unglücksflieger nach solch einer Bruchlandung nicht ausschließlich den Elementen und dem Zufall ausgesetzt. Mittels schnell-rhythmischer Flügelbewegungen erzeugen sie kleine Wellen, auf denen sie dann quasi »surfen« können. Zumindest können sie sich so auf dem Wasser treibend fortbewegen und mit etwas Glück das rettende Ufer erlangen, von wo sie nach einer gewissen Trocknungszeit wieder zum Weiterflug starten können.

Nach solch einer Bruchlandung auf dem hiesigen Teich erregen die so unglücklich im Wasser gelandeten Bienen mit ihren schnellen Flügelbewegungen jedoch oft die Aufmerksamkeit einer der zahlreich in selbigem Teich herumschwimmenden Forellen, welche meist nicht lange zögern und sich die hilflosen Bienen als kleine Zwischenmahlzeit von der Wasseroberfläche schnappen. Selbstverständlich ist dieses unbarmherzige Schicksal traurig für die bruchgelandete Biene, jedoch gehört auch dies letztlich zum Kreislauf der Natur.

Aber nicht nur im Wasser lauern Gefahren auf die kleinen Flieger. Selbst in der Luft sind sie nicht sicher. Auch Vögel auf der Futtersuche gehören zu den potenziellen Feinden, denen die Bienen bei ihrem Dienstflug für das eigene Volk ausgesetzt sind.

Vergangenes Jahr brütete ein Grauschnäpper-Pärchen direkt neben dem Bienenstand. Legte man sich zwischen den Sträuchern geduldig und vollkommen bewegungslos auf die Lauer, konnte man nach kurzer Zeit beobachten, wie sich der kleine, unauffällig grau gefärbte Vogel auf Bienenjagd begab. Meistens saß er dafür auf seinem Lieblingsast direkt neben den Fluglöchern der Bienenkästen und blickte dabei stark konzentriert in die Luft, anscheinend Ausschau haltend nach einem potenziellen Opfer unter den zu Tausenden herumfliegenden Bienen. Dabei wippte er oft aufgeregt mit seinem Schwanz auf und ab. Hatte der Vogel dann sein Opfer ausgemacht, flog er blitzschnell ein paar Meter nach vorn und flatterte beim Fang seiner Beute – kurzzeitig in der Luft stehend – fast schon wie ein Kolibri. Hierbei vollführte er oft faszinierende Flugmanöver und bewies sich als äußerst geschickter Jäger. Meist kehrte er direkt nach erfolgreichem Fang auf seinen Lieblingsast zurück, um die so erhaschte Jagdbeute in Ruhe verspeisen zu können. So fing er oft gleich mehrere Bienen hintereinander. Ein faszinierendes Schauspiel, welches zu beobachten immer wieder beeindruckend war, auch deswegen, weil nur wenige Vögel die Kunst beherrschen, Insekten in der Luft zu fangen, da hierzu eine besondere Wendigkeit und Geschicklichkeit gehört – eine Darstellung von Flugkünsten, die man so nicht jeden Tag zu sehen bekommt.

Abgesehen von Vögeln warten natürlich noch zahlreiche andere tierische Gefahren auf die kleinen Sammlerinnen. Auch Wespen, Hornissen oder der Bienenwolf, der zu den Grabwespen gehört und die proteinreiche Nahrung ebenfalls als Aufzuchtfutter für seine Nachkommenschaft benötigt, zählen zu den Arten, die sich über Bienen als herumfliegende Leckerbissen freuen.

Dann gibt es noch zahlreiche Spinnenarten, die sicher zu den Hauptfeinden der fleißigen Sammlerinnen zählen. Nicht nur, dass Bienen immer wieder in deren Netze geraten. Teilweise sitzen Spinnen sogar direkt in den Blüten und warten auf anfliegende, auf Nektarsuche befindliche Insekten, um sich direkt nach deren Landung in der trügerisch-einladenden Blüte auf sie zu stürzen. Die Weibchen der »Veränderlichen Krabbenspinne« beispielsweise können für diesen Zweck sogar aktiv ihre Körperfarbe ändern und weiß, grün oder gelblich gefärbt sein, um so inmitten der Blüten ideal getarnt zu sein. Tatsächlich hat man ihr aufgrund ihres verwandlungsfähigen Aussehens gleich mehrere wissenschaftliche Namen gegeben, bis sich schließlich herausstellte, dass es sich immer nur um ein und dieselbe Art gehandelt hatte, nur eben mit unterschiedlicher Farbtarnung. Ihr einheitlich wissenschaftlicher Artname lautet heute *Misumena vatia*. Den Trivialnamen Krabbenspinne hat sie wohl ihren langen und kräftigen Vorderbeinen zu verdanken, mit denen sie ihre Beute wie Bienen, Fliegen, aber auch Hornissen und Schmetterlinge blitzschnell ergreift, um anschließend ihr Gift zu injizieren und das so gelähmte Opfer auszusaugen. Um dabei nach Möglichkeit nicht selbst gestochen zu werden, halten die Spinnen ihre Beute mit den langen Fangbeinen möglichst weit weg von sich.

So dienen auch Honigbienen vielen Tieren als Nahrung und sind im Grunde ab dem Verlassen ihres Bienenstocks einer potenziellen Dauergefahr ausgesetzt. Diese und andere Risiken sorgen dafür, dass nicht immer jede Biene von ihrem Ausflug zurückkehrt. Ein geringer Verlust an Flugbienen ist jedoch normal und kann vom Bienenstaat bis zu einem gewissen Grad ausgeglichen und toleriert werden – schließlich stellen Insekten die Grundlage zahlreicher Nahrungsketten im Ökosystem dar und sind somit auch immer Nahrungsgrundlage zahlreicher anderer Arten, die ihrerseits Nahrung für wieder andere Arten darstellen und so weiter. So gehört letztendlich auch dies zum immerwährenden Entstehen und Vergehen in der Natur. Ein grundlegender Ablauf, der bereits seit Ewigkeiten das Gleichgewicht des Lebens bewahrt.

Glücklicherweise ahnt die soeben frisch geschlüpfte Jungbiene noch nichts von den ihr bevorstehenden Herausforderungen und Gefahren. Ihr Leben wird zwar mit einer durchschnittlichen Lebenserwartung von etwa 35 Tagen aus menschlicher Sicht recht kurz sein, doch ist es voller Abwechslung und Abenteuer. Wie für jede Arbeiterin wird auch für sie das Wohl des Volkes stets über dem eigenen Individualwohl stehen. Dass Sommerbienen nur so kurz leben, liegt schlicht in ihrer hohen Arbeitsrate begründet. Winterbienen hingegen haben es wesentlich ruhiger und stressfreier und leben meist mehrere Monate lang. Auch wenn sie dabei kaum etwas von ihrer Umwelt mitbekommen, da sie in der Regel die meiste Zeit im Stock verbringen. Sie sind dafür da, das Bienenvolk über den Winter zu bringen und im Frühjahr schließlich die erste Jungbienengeneration großzuziehen.

Noch trägt die kleine eben geschlüpfte Sommerbiene ihr helles und volles Haarkleid. Im Laufe der Tage voll intensiver Arbeit werden sich ihre Haare jedoch mehr und mehr lichten und ihre Flügel werden zunehmend abgenutzt aussehen. Sollte sie nicht vorher in ein Spinnennetz fliegen, von einem Vogel weggefangen werden oder durch ein anderes unglückliches Ereignis ihren Dienst für das Volk frühzeitig aufgeben müssen, wird sie am Ende ihrer Tage wohl vor Schwäche einfach zu Boden fallen und sterben. Ihr Leben wird aus voller Aufopferung für ihr Volk bestehen. Kein Sonntagstrip mit befreundeten Bienen zum Strand oben am Teich, einfach um dort eine gute Zeit zu haben, kein nächtlicher Ausflug, um den Sternenhimmel und den Mond sehen zu können, und auch kein »freier Tag«, um einfach mal alle sechs Beine gerade sein zu lassen. Derlei Vergnügungen hat die Natur schlicht nicht für sie eingeplant.

Behutsam wird die Wabe mit der frisch auf die Welt gekommenen Biene nun zurück in ihr Volk gehängt.

Viel Glück, kleine Maja!

Biene ohne Stachel

Neben den Arbeiterinnen gibt es allerdings auch noch eine andere Art von Biene im Bienenvolk. Eine, die weder zur Futterbesorgung noch zum Saubermachen des Stocks zu gebrauchen ist. Auch käme sie nie auf den Gedanken, sich an der Brutpflege zu beteiligen. Die Rede ist von den männlichen Bienen eines Bienenvolkes.

Die in der Fachsprache als »Drohnen« bezeichneten Bienen wirken im Gegensatz zu ihren weiblichen Kolleginnen etwas dick und plump. Generell sind Drohnen etwas größer als Arbeiterinnen. Auch die extra für ihre Aufzucht angelegten Zellen sind etwas größer und hervorstehender als die der heranwachsenden Arbeiterinnen, sodass man sie leicht voneinander unterscheiden kann.

Im Gegensatz zu den weiblichen Arbeitsbienen, die aus Eiern mit einem doppelten (diploiden) Chromosomensatz hervorgehen, sind die Eier, aus welchen sich die männlichen Drohnen entwickeln, nur mit einem einfachen (haploiden) Chromosomensatz versehen. Die Entscheidung darüber, ob sich aus einem Ei eine weibliche oder eine männliche Biene entwickelt, hängt also letztlich nur davon ab, ob die Königin das Ei befruchtet oder unbefruchtet in die Zelle legt.

Im Grunde haben die Drohnen eines Volkes auch lediglich eine einzige Aufgabe. Als Träger des Erbmaterials des Volkes sind sie ausschließlich dafür da, dieses an eine andere bislang nicht begattete Königin weiterzugeben. Sprich, ihre einzige Aufgabe ist die der Fortpflanzung. Sie besitzen noch nicht einmal einen Stachel zur Verteidigung, weswegen man eine Drohne ohne Sorgen vor einem eventuellen Stich vorsichtig in die Hand nehmen kann.

Weil die männlichen Bienen ausschließlich in den warmen Monaten für die Fortpflanzung gebraucht werden, da auch die jungen Bienenköniginnen ausschließlich zu dieser Zeit schlüpfen und begattungsfähig sind, werden Drohnen auch nur im Frühjahr und Sommer vom Bienenvolk herangezogen und gefüttert. Denn nur in diesem Zeitraum können sie dafür sorgen, dass die genetische Information ihres Volkes weitergegeben wird. Zum Herbst hin werden sie dann rücksichtslos von den Arbeiterinnen aus dem Volk geschmissen, da sie im Winter schlicht zu nichts mehr zu gebrauchen sind. Oft kann man am Flugloch dann beobachten, wie Arbeiterinnen die Drohnen aggressiv an ihren Flügeln und Beinen aus dem Bienenstock zerren, während die bemitleidenswerten Männchen mit aller Kraft versuchen, doch wieder irgendwie zurück in die Behausung zu gelangen. Doch nützt es meist nichts. Spätestens im Herbst findet man meist keine einzige männliche Biene mehr im Bienenstock.

Im Grunde stellen Drohnen somit lediglich kleine herumfliegende Transportbehältnisse für die DNA ihres Bienenvolkes dar. Die Verbreitung – und damit die Weiterexistenz der DNA des eigenen Volkes – ist jedoch eine nicht zu unterschätzende, ja im Grunde sogar existenzielle Aufgabe. Denn am Ende dreht sich auch im Lebenszyklus der Bienen alles nur um diesen kleinen, die genetischen Informationen eines Bienenvolkes enthaltenen DNA-Strang, der den Bauplan und die jeweiligen Eigenschaften jeder Zelle und somit auch jeder einzelnen Biene vorgibt.

Letztendlich geschieht generell alles in einem Bienenvolk nur aus dem diesem genetischen Informationsträger innewohnenden natürlichen Drang heraus, sich weiter vermehren zu wollen und somit das eigene Fortbestehen und die eigene Weiterentwicklung zu sichern. Dabei handelt es sich allerdings um einen rein auf evolutionstreibenden Gesetzmäßigkeiten beruhenden Drang ohne bewusst-willentliche Steuerung – ein Drang zur Weiterentwicklung, der dem gesamten Leben innewohnend und doch rein zufällig gesteuert zu sein scheint. Ein bereits von Anbeginn der Zeit vorhandenes Grundprinzip der voranschreitenden Weiterentwicklung, das zu den fundamentalen Parametern des Kosmos gehört.

Der Drang zum Fortbestand und zur Weiterentwicklung hat in der Natur Gesetzmäßigkeiten hervorgebracht, die für diesen Zweck immer komplexere Wege gegangen sind. Anstatt sich gemütlich einfach weitere Jahrmillionen in der sogenannten »Ursuppe« ungesteuert herumtreiben zu lassen und vollends auf ein stark zufallsgesteuertes Schicksal zu setzen, hat die DNA mit den in ihr enthaltenen genetischen Informationen Möglichkeiten geschaffen, sich mittels einer sie umgebenden Hülle in Form einer Zellmembran vor äußeren Einflüssen zu schützen, sich mittels verschiedener Arten von Bewegungsapparaten gezielt fortzubewegen sowie die Außenwelt mittels Lichtsinneszellen wahrnehmen und somit aktiv auf Umweltreize reagieren zu können. Am Ende ist es der kleinen Sequenz aus Proteinen sogar gelungen, sich durch perfekt an die Umwelt angepasste Körper auf beeindruckende Weise fortzubewegen: Sei es mittels des stromlinienförmigen Körpers eines Fisches leicht und schnell durchs Wasser zu gleiten, in Gestalt eines Jaguars mit bis zu 80 Stundenkilometern hinter einer Gazelle herzujagen oder eben in Form einer Biene gezielt durch die Luft fliegen zu können. All dies verfolgt ein einziges Ziel: den genetischen Informationen, die in jeder Zelle dieser Körper stecken, noch bessere Chancen zur Verbreitung und damit zur Sicherung des Fortbestands zu ermöglichen. Schlussendlich eint alle Lebewesen dieser eine grundlegende Prozess des Entstehens und Vergehens in ihrer Entwicklungsgeschichte. Ein Prozess, der immer wieder differenzierte Wege eingeschlagen und so zu unterschiedlichen Formen des Lebens geführt hat, aber – dreht man das Rad der Zeit nur weit genug zurück – demselben einfachen Urzustand entspringt, der all diesen verschiedenen Buchstaben im Alphabet des Lebens zugrunde lag. Buchstaben, die jedoch alle zur selben Sprache gehören – der Sprache der Evolution.

Vom Schlupf einer Jungbiene über die Futtersuche der Sammlerinnen bis hin zum Ausflug der männlichen Drohnen geschieht auch im Leben der Bienen alles nur aus diesem einen alles bestimmenden Grund. Dem Erhalt und der Vermehrung des kleinen DNA-Stranges, der in jeder einzelnen Zelle ihres komplexen Bienenkörpers alle Vorgänge und Gegebenheiten zu seinen Gunsten ablaufen lässt.

Von der Entstehung der ersten Schutzhülle in Form einer Zellwand bis hin zu hochkomplexen Individuen, wie sie zum Beispiel die Bienen darstellen, hat es einiges an Zeit und wohl zahlreicher Zufälle und Fehlversuche bedurft. So ist letztlich auch die Biene nur eine wunderbare »Expressionsform« der ihren Aufbau bestimmenden DNA, welche dem Fortbestand selbiger dient: eine Zusammenreihung variierender und helixförmig zusammengeschlossener Proteine, denen es über Jahrmillionen gelungen ist, eine Welt zu erschaffen, die beeindruckender kaum sein könnte.

Und dass durch diesen der gesamten Natur zugrunde liegenden Prozess unter anderem auch Individuen entstanden sind, die mit ihren Sinnen und ihren mal mehr, mal weniger hoch entwickelten Gehirnen in der Lage sind, über sich und die sie umgebende Umwelt nachdenken und philosophieren zu können, bis hin zu den Grenzen des sie geschaffenen Universums und sogar darüber hinaus, wirkt dabei fast wie ein Wunder und ist mindestens als spektakulär zu bezeichnen.

Mit den Füßen schmecken

Kurz pausierend hat sich ein Schmetterling auf dem Deckel der benachbarten Bienenkiste niedergelassen. Mit den bunten Farben ihrer Flügel sind sie einer der schönsten Anblicke zu dieser Jahreszeit. Man muss schon ein Fachmann sein, um alle Arten von ihnen zu kennen. Jener hier ist jedoch ein häufiger und wohlbekannter Vertreter seiner Gattung – der »Admiral«. Die weiße Bänderung an seinen Flügelspitzen hat die Namensgeber sicher an die militärischen Schulterabzeichen eines Marine-Admirals erinnert. Seine ansonsten leuchtend-orangerote Flügelbänderung verrät ihn meist schon von Weitem. Er macht hier wohl nur eine kurze Pause von seinem emsigen Flug von Blüte zu Blüte. Auch er dient den Pflanzen zur Weiterverbreitung ihres Pollens und dem damit verbundenen genetischen Austausch untereinander. Bei genauer Betrachtung kann man überall an seinem Haarkleid winzig kleine, beim Nektarsaugen kleben gebliebene Pollenkörnchen entdecken.

Trotz ihres doch recht unterschiedlichen Aussehens sind Schmetterlinge den Bienen ähnlicher, als man auf den ersten Eindruck vermuten mag. Auch sie können zum Beispiel Gerüche mit ihren feinen Sinneszellen auf den Antennen schon aus kilometerweiter Entfernung wahrnehmen und auch sie kommunizieren hauptsächlich über Pheromone miteinander. So können Schmetterlingsmännchen die Weibchen aufgrund von abgesonderten Duftstoffen oft bereits aus kilometerweiter Entfernung riechen. Ein Umstand, der die Partnersuche unter den Faltern wesentlich vereinfacht, vor allem wenn man an die zahlreichen Nachtfalterarten denkt, welche es im Dunkeln ohne ihren extrem fein ausgeprägten Geruchssinn sicher schwer hätten bei ihrer Suche nach Weibchen.

Und noch eine Besonderheit eint die beiden Insektengruppen. Beide können mit ihren Füßen schmecken. Bestimmte Rezeptorzellen an den Füßen der Schmetterlinge entscheiden zum Beispiel darüber, ob ihnen eine Pflanze als geeignet für ihre Raupen erscheint oder eben doch nicht »schmeckt«. Und wie Schmetterlinge nutzen auch Bienen ihre Füße als »Zunge«, um den Zuckergehalt des Nektars einer Blüte zu erschmecken. Zahlreiche Härchen mit Geschmackssinneszellen an den Füßen lassen sie bereits beim Betreten einer Blüte wichtige Geruchsinformationen aufnehmen. Informationen, die wiederum wichtig für die Effektivität ihrer Futtersuche sind. So können sie schon mit den Füßen schmecken, ob ihnen eine Blüte süß genug ist oder ob sie es lieber bei einer anderen Blüte versuchen sollten.

Der Deckel des Bienenkastens, auf dem sich der Falter niedergelassen hat, wird wohl jedoch keinen besonderen Geschmacksreiz auf ihn ausüben. Vermutlich musste er sich wirklich einfach mal ausruhen. Nur kurz vorbeigeschaut, macht er sich auch schon wieder auf zum Weiterflug und flattert fröhlich davon.

Bedenkt man, welch weite Strecken diese Art von Schmetterlingen zurücklegen, kann man die kleine Pause hier am Bienenstand gut verstehen. Tatsächlich gehört die Spezies zu den »wandernden Faltern«. Im Frühjahr zieht es sie Richtung Norden und im Herbst wieder zurück Richtung Süden. Hierbei kann es vorkommen, dass der Falter auf seiner Reise sogar die Alpen überquert. Und auch unser eben zum Weiterflug gestarteter kleiner Freund wird wahrscheinlich im Spätsommer wieder nach Südeuropa in wärmere Gebiete zurückwandern, um zu überwintern – guten Flug!

Die Welt im Ungleichgewicht

Zu welch wunderbaren Geschöpfen dieser bereits seit Millionen von Jahren andauernde Prozess von Werden und Vergehen letztlich geführt hat, ist immer wieder atemberaubend. Macht man sich bewusst, wie immens viel Zeit dieser Entwicklungsvorgang benötigte und in welch kurzer Zeit wir zahlreiche dieser Arten unwiederbringlich vernichten, sodass nur noch wenige Arten übrig bleiben und die uns umgebende Landschaft immer mehr verödet, ist es immer wieder erschreckend, wie unbedacht und egoistisch wir mit diesem Wunder umgehen.

Leider fehlt es uns oft an Wertschätzung und Respekt der Natur gegenüber. Vielleicht hat dies etwas damit zu tun, dass wir uns immer mehr von ihr abgekapselt haben und zunehmend in einer Art technischer Parallelwelt leben. Vielleicht fehlen uns dadurch einfach die Nähe zur Natur und die damit einhergehende Verbundenheit. So kann man bei vergleichsweise sehr naturnah lebenden indigenen Völkern, wie es sie beispielsweise noch in der Amazonasregion gibt, gut sehen, wie achtsam und nachhaltig diese Menschen mit der sie umgebenden Natur umgehen und welche enge Beziehung sie zu dieser haben. Da die Natur ihr Zuhause ist und sie auch spirituell einen hohen Stellenwert in ihrer Kultur einnimmt, gehen sie besonders rücksichtsvoll mit ihr um. Das reichhaltige Wissen über Tiere und Pflanzen in der sie umgebenden Umwelt wird oft über Generationen hinweg weitergegeben. Sie leben vollkommen im Einklang mit ihrem Lebensraum und haben sich dem Ökosystem angepasst und nicht das Ökosystem an sich, so wie wir es in der »modernen« Welt im ausufernden Maßstab gemacht haben.

Wissenschaftler des Weizmann Institute of Science in Israel haben errechnet, dass die vom Menschen geschaffene Masse aller Dinge, vom Bleistift über Autos bis zum Wolkenkratzer, vor Kurzem die Biomasse aller Lebewesen, sprich die Masse aller Tiere, Pflanzen, Bakterien und Pilze, überstiegen hat. Mit anderen Worten: Wir haben inzwischen nicht nur mehr Masse erzeugt, als die gesamte Menschheit selbst wiegt, sondern auch als unser gesamter Planet insgesamt an Leben hat. Genau genommen soll die Menschheit sogar jede Woche so viele Dinge produzieren, wie sie selbst wiegt. Dabei hatten die Wissenschaftler auch errechnet, dass sich die von uns erzeugte Masse an Gegenständen seit 1900 etwa alle zwanzig Jahre verdoppelt hat. Dies wiederum bedeutet, dass die Massenzunahme der von uns produzierten Dinge ein exponentielles Wachstum aufweist. Während die Biomasse, also die Masse von allem Lebendigen auf der Welt, abnahm, wuchs die vom Menschen geschaffene »anthropogene Masse« wie Kunststoff, Häuser, Maschinen oder auch Panzer immer schneller an. Zu Beginn des 20. Jahrhunderts soll die menschengemachte Masse nur etwa drei Prozent der Biomasse betragen haben.

Wie man sich leicht denken kann, ist ein dauerhaft exponentielles Wachstum jedoch nicht lange möglich. Sind die weltlichen Ressourcen doch begrenzt. Diese Studie zeigt sehr anschaulich, wie tiefgreifend wir den Planeten wandeln und wie groß unser »Fußabdruck« tatsächlich ist. Ein Fußabdruck, so groß, dass er alles Leben auf der Erde fasst.

Besondere Zellen

Es ist immer wieder aufs Neue erstaunend und faszinierend zugleich, in welcher Perfektion und Geschwindigkeit die neu gebauten Zellen einer Bienenwabe entstehen, mit welcher Kraft die Bienenvölker im Frühjahr erstarken und wie schnell sie zu dieser Jahreszeit ihr Brutnest erweitern.

Die Betrachtung einer weiteren Wabe ist bei diesem Volk nicht notwendig, da es stark und gesund wirkt. Die von der

Königin frisch gelegten Eier sowie die große und lückenlose Brutfläche sind hinreichende Zeichen dafür, dass die Königin bei guter Gesundheit zu sein scheint. Nun die Bienenkönigin dieses Volkes ausfindig zu machen, kann eine mitunter sehr aufwendige und zeitintensive Suche werden – das ist hier nicht vonnöten.

Vorsichtig wird die Zarge leicht angekippt, um nochmals von unten einen Übersichtsblick auf alle Waben zu bekommen. Da das Volk schon recht stark ist, könnte es sein, dass es bereits in Schwarmstimmung ist und sich teilen will, indem es neue, ganz besondere und extra hierfür angelegte Zellen bildet, in welchen neue Königinnen herangezogen werden. Diese Königinnenzellen, in der Fachsprache auch »Weiselzellen« genannt, haben ein recht auffälliges Erscheinungsbild und sehen ein wenig wie eine Erdnuss aus, die nach unten hängend an der Wabe befestigt wurde.

Durch dieses charakteristische Aussehen kann man sie recht gut erkennen. Findet man sie, ist das ein eindeutiges Indiz dafür, dass das Volk in Schwarmstimmung ist und sich teilen will. Eine solche Teilung gehört zur Fortpflanzungsstrategie der Bienen, denn irgendwie müssen diese sich über ihr Stockvolumen hinaus vermehren, sprich in der Völkerzahl zunehmen, um somit eine stabile Gesamtpopulation der Art zu sichern.

Und ähnlich wie sich einzelne Zellen oder Bakterien zur Vermehrung teilen können, tun dies auch Bienenvölker. Bei diesem Teilungsvorgang fliegt die alte Königin, sobald die ersten Weiselzellen angelegt sind und die sich darin befindlichen Neuköniginnen entwickeln, mit etwa der Hälfte der Arbeiterinnen ihres Hofstaates aus, um ein neues Zuhause für sich und ihre Gefolgschaft ausfindig zu machen. In Baumhöhlen eines alten, morschen Baumes, unter einem Dachüberstand an einer Scheune, aber auch in Laternenmasten oder zwischen den Gemäuern alter Häuser wurden schon Bienenschwärme beim Einzug beobachtet. Kaum angekommen in dem neuen Zuhause, beginnen sie sogleich mit dessen Ausbau, während in dem verlassenen Bienenstock dann meist nicht mehr allzu viele Bienen zu sehen sind. Das Volk wirkt dann recht schwach, sodass man meist schon beim ersten Blick in den Bienenkasten erkennen kann, dass das jeweilige Volk geschwärmt hat. Jedoch entwickeln sich in den Königinnenzellen der alten Behausung schon die neuen Königinnenlarven, sodass auch hier der Fortbestand des Volkes gesichert ist, obwohl die alte Königin mit einem Großteil des Volkes ausgeflogen ist.

Dieses Ereignis gehört zum natürlichen Vermehrungsprozess der Bienen. Von imkerlicher Seite wird aber oft versucht, die Teilung zu verhindern, da das Volk in den Wochen danach schlicht weniger Honig sammelt und sich so der Honigertrag stark verringert.

So gibt es in der Imkerei verschiedene Techniken, um den Schwarmtrieb der Bienenvölker etwas zu unterdrücken. Um dem Schwärmen zuvorzukommen, werden die Völker beispielsweise »geschröpft«. Dabei entnimmt man dem Volk vorab mehrere mit Bienen besetzte Brutwaben, um diese in eine andere, noch nicht besetzte Bienenkiste umzuhängen. Das so neu gebildete Volk zieht sich dann eine neue Königin heran und beginnt die neue Behausung auszubauen, sodass der Ableger zum Herbst hin stark genug ist, um selbstständig den Winter zu überstehen. Gleichzeitig hat man dem alten Volk Bienen und Waben entnommen, welche es nun gilt nachzuziehen und nachzubauen. Damit sind die fleißigen Arbeiterinnen zunächst beschäftigt, was in der Regel bewirkt, dass ihr Wille zum Schwärmen abgeschwächt wird.

Damit die dem Ursprungsvolk entnommenen Bienen nicht wieder zurück in ihren alten Stock fliegen, wird der so mit Waben und Bienen neu besetzte Bienenkasten an einem etwas weiter entfernten Standort aufgestellt. Ist der neue Standort mehr als drei Kilometer entfernt (was in etwa dem Flugradius der Bienen um ihr Domizil entspricht), schaffen sie es in der Regel nicht, ihre alte Behausung wiederzufinden, und prägen sich die noch unbekannte Umgebung als ihr neues Zuhause ein. Die Ableger des hiesigen Bienenstandes werden hierzu auf eine etwa vier Kilometer weit entfernte Waldlichtung gebracht, auf der ihnen ausreichend Bäume, Büsche und Blumen zur Verfügung stehen, um bis zum Herbst kräftig und stark genug zu werden und dann als neues Volk gesund und ausreichend groß in den Winter gehen zu können.

Da die Königinnenzellen naturgemäß vermehrt unten an den Waben angebaut werden, reicht oft schon ein Blick unter die Zarge mit den Brutwaben aus, um einen eventuell vorhandenen Schwarmtrieb im Volk feststellen zu können. Sind hier bereits angelegte Königinnenzellen zu sehen, gilt es zu handeln, bevor sich das Volk teilt. Doch scheint es bei diesem Volk bislang nicht so weit zu sein, da sich hier beim Blick von unten keinerlei Ansätze von Weiselzellen zeigen.

Betreut man über hundert Völker, ist es oft zeitlich gar nicht möglich, alle Waben zu ziehen, um sie auf Weiselzellen abzusuchen. Hier belässt man es dann meist bei der einfachen Sichtkontrolle von unten.

Um dem Volk mehr Raum zu geben, vor allem auch, um den nun in größeren Mengen frisch gesammelten Honig aus der Obstblüte einlagern zu können, wird ihm eine weitere Zarge mit zehn noch leeren Wabenrahmen aufgesetzt. Hier haben die Bienen zunächst allerhand zu tun, um die neuen Waben auszubauen und diese mit Honig zu befüllen. Gleichzeitig lenkt auch diese »Beschäftigungstherapie« die Bienen etwas davon ab, in Schwarmstimmung zu kommen, und ist somit auch eine Methode, um den Schwarmtrieb einzudämmen. Da die Bienen naturgemäß Honig lieber oberhalb des Brutnestes einlagern, bietet sich die neu aufgesetzte Zarge als Honigraum an, in welchem das Volk auch ausschließlich Honig einlagern soll. Sind die Waben dann nach einiger Zeit voll mit frischem Honig, lässt sich die Zarge meist kaum noch anheben. Um die 25 Kilogramm kann so eine Zarge dann schon mal wiegen. Schleppt man bei der Honigernte gleich Dutzende am Tag davon herum, kann dies gelegentlich auch auf den Rücken gehen.

Um zu verhindern, dass die Königin nach oben in den Honigraum gelangt und dort Eier in die Vorratszellen legt, in welche eigentlich ausschließlich Honig eingelagert werden soll, wird ein sogenanntes »Königinnenabsperrgitter« zwischen die untere und die obere Zarge gelegt. Wichtig ist hierbei, dass dieses einen exakten Gitterabstand von 4,2 Millimetern hat. So ist gewährleistet, dass die Arbeiterinnen noch hindurchschlüpfen können, die etwas größere Königin jedoch nicht.

Nun bleibt nur zu hoffen, dass bei der jetzt anstehenden Blütenpracht gutes Wetter vorherrscht, sodass die Honigwaben rasch und vollständig von den Bienen gefüllt werden können.

Am Ende wird das so erweiterte Volk wieder verschlossen und sich selbst überlassen. Bald schon werden sich die Bienen von der durch den Eingriff verursachten Unruhe erholen und ihren gewohnten Arbeitsabläufen nachgehen. Durch das kurze Durcheinander ist es zu einem kleinen Stau am Eingang der Bienenbehausung gekommen. Zahlreiche von ihrem Sammelflug zurückkehrende Bienen, bepackt mit dicken Pollenpaketen an ihren Hinterbeinen, tummeln sich aufgeregt am Flugloch und versuchen, alle gleichzeitig in das Innere der Behausung zu gelangen, um ihre reiche Ernte an Nektar und Pollen abgeben und sich anschließend möglichst schnell wieder auf eine neue abenteuerliche Reise im Dienst ihres Volkes machen zu können.

Imkern – mal mehr, mal weniger schön

Inzwischen haben es die wärmenden Sonnenstrahlen um die am Fuße des Wiesenhangs stehende große Linde herum geschafft und scheinen nun direkt auf den Bienenstand.

Animiert durch die Frühlingssonne, die jetzt direkt auf die Richtung Süden ausgerichteten Fluglöcher fällt, ist auch die letzte verschlafene Sammlerin aufgewacht, um sich auf Futtersuche zu begeben. Mittlerweile herrscht ein äußerst lebendiger Flugverkehr am Bienenstand. Überall summt und brummt es in verschiedenen Tonlagen. Tausende abfliegende Bienen, die alle pfeilschnell himmelwärts zischen, um möglichst schnell zur nächsten Nektarquelle zu gelangen. Aus dieser Perspektive wirkt es fast, als würden sie direkt in die Sonne fliegen, um darin zu verschwinden und mit der gleißenden Kugel zu verschmelzen. Wie kleine Gewehrkugeln sausen sie links und rechts am Kopf vorbei. Gleichzeitig immer wieder von ihrem Sammelflug ankommende Bienen.

Blickt man nach oben in den blauen Himmel, heben sich ankommende und abfliegende Bienen gegen den blauen Kontrast besonders gut ab. Fast kommt es so vor, als befände man sich in einer Wolke aus Bienen, als wäre man in eine fremde Welt eingetaucht.

Über die Jahre sollte man sich eigentlich daran gewöhnt haben. Und doch ist es jedes Frühjahr aufs Neue ein faszinierendes und beeindruckendes Schauspiel.

Als hätte man die Wintermonate über vergessen, wie es sich anfühlt, inmitten von Tausenden umherfliegender Bienen zu stehen.

Hinzu kommt der wie eine Dunstglocke um den Bienenstand liegende spezielle Duft nach Wachs, Propolis und frischem Honig. Je mehr die nun intensiv scheinende Frühjahrssonne die Luft erwärmt, umso mehr nimmt dieser ganz spezielle Duft an Intensität zu. Gern hält man hier einen kurzen Moment inne, um all diese besonderen Eindrücke bewusst wahrnehmen zu können.

Plötzlich wird wieder klar, warum man überhaupt so eine Leidenschaft für das Imkern entwickelt hat. Wenn es einem nur ums Geldverdienen geht, sollte man sich lieber einen anderen Beruf aussuchen. Finanziell reich wird man als Imker nämlich eher nicht. Auch ist es ein körperlich oft sehr anstrengender Job. Doch wer Erfahrungen und Erlebnisse in und mit der Natur sucht und eine gewisse Leidenschaft für die Bienen entwickelt, kann hierbei eine ganz andere und vielfältige Art von Reichtum erfahren. Ein Reichtum, wie er für kein Geld der Welt zu kaufen ist. Dutzende von kleinen Beobachtungen, immer wieder neue Entdeckungen und lauter verwunderliche Begebenheiten, die einen jeden Tag aufs Neue erfreuen und dem Alltag eine Art von Schönheit geben, wie man sie vermutlich nicht allzu häufig findet.

Doch ist die Berufung des Imkerns auch über weite Strecken mit einsamen Arbeiten verbunden. Häufig sieht man tagelang nur Bienen, ohne viel mit Menschen zu tun zu haben. Dies mag dem einen oder anderen recht sein, es kann aber auch eine gewisse Form von Isolation mit sich bringen, die nicht immer nur angenehm ist. Wenn sich das soziale Rauschen legt und man nur noch die eigene Person als Umgang heranziehen kann, wird man mit der Zeit sensibler sich selbst und seiner Umgebung gegenüber. Eine Sensibilität, die je nach Konstitution der eigenen Persönlichkeit mehr oder weniger angenehm sein kann.

Es gibt Menschen, denen dies nichts ausmacht. Im Gegenteil, sie genießen die Ruhe und sind sich selbst vollkommen genug. Manche sehen es sogar als eine Art spirituelle Erfahrung, um mit sich und der Natur in Einklang zu kommen. Menschen, die nicht über eine solche innerliche Stabilität verfügen und deren seelische Konstitution eher von ihrem sozialen Umfeld abhängig ist, fällt es oft schwer, längere Zeit nur mit sich allein zu sein. Oft kommt dann ein eher bedrückendes Gefühl der Einsamkeit auf.

Für Menschen, denen die Einsamkeit nichts ausmacht oder die so viel Glück hatten, in einem sozialen Umfeld zu leben, welches diese vollkommen ausreichend auszugleichen vermag, kann es jedoch auch das Schönste auf der Welt sein, am Abend noch am Bienenstand auf der Wiese zu stehen, während die rote Abendsonne auf die eben zur Kontrolle herausgezogene

Bienenwabe scheint und die in den einzelnen Zellen frisch von der Königin gelegten Eier deutlich sichtbar macht – was einem sagt, dass es Königin und Volk gut zu gehen scheint und man sich auf die bald bevorstehende Honigernte freuen kann.

Derlei Momente sind der Lohn für die einsamen Tage, in denen man Bienenkästen reparierend allein in der Werkstatt stand oder an kalten Winterabenden gefühlte Ewigkeiten vor sich hin hämmerte, um im Frühjahr ausreichend Wabenrahmen für die Bienen vorbereitet zu haben.

Letztlich kommt es hier immer auf einen selbst und die eigenen sozialen Umstände an, die einen für die Imkerei qualifizieren oder eben nicht.

Doch hat man sich erst einmal in die faszinierende Welt der Bienen begeben und ist vom »Bienenfieber« gepackt, kommt man erfahrungsgemäß auch nicht so einfach wieder davon los.

Elektrisch geladen

Eine Arbeiterin, dick bepackt mit Blütenpollen an den Hinterbeinen, landet völlig erschöpft auf dem Ärmel des Imkeranzugs. Ihr ganzer Körper pumpt vor Anstrengung. Ansonsten keinerlei Rührung, als wäre sie gerade von einem Marathon zurückgekehrt – außerstande, noch irgendwelche Regungen zu machen. Selbst ihre Fühler hängen einfach nur schlaff herunter.

Sie scheint sich einfach kurz ausruhen zu müssen, froh darüber, zunächst einmal schon in der Nähe ihrer Behausung zu sein. Es ist immer wieder beeindruckend, eine Biene von Nahem betrachten zu können. Von den großen Facettenaugen, den kräftigen Mundwerkzeugen und den überaus beweglichen Antennen über die Gliederung ihrer Beine und den feinen Strukturen ihrer Flügelhäute bis hin zu den überall auf dem Körper verteilten kleinen Härchen.

Wie Wissenschaftler in den letzten Jahren erst herausgefunden haben, spielen die überall auf dem Körper der Biene verteilten Haare zusammen mit den sensiblen Antennen auch bei der Futtersuche sowie bei der Kommunikation mit anderen Bienen eine wesentliche Rolle. Doch was hat die Körperbehaarung mit dem Sammeln von Blütennektar oder dem Austausch von Informationen untereinander zu tun? Hierzu sind den Forschern erstaunliche Entdeckungen gelungen. Wenn Bienen und andere Insekten durch die Luft fliegen, laden sie sich dabei durch die Reibung mit den Luftteilchen elektrisch positiv auf. Die meisten von uns kennen diesen Effekt der sogenannten »Triboelektrizität«, die entsteht, wenn wir beispielsweise mit Schuhen über Auslegeware oder einen Teppich laufen und sich die so zustande gekommene elektrische Ladung beim Berühren eines elektrisch leitenden Gegenstandes wie einem Geländer oder einer Türklinke entlädt. Hierbei bekommen wir oft einen kleinen elektrischen Schlag. Manchmal sieht man sogar einen Funken. Besonders häufig passiert dies im Winter, da die höhere Luftfeuchtigkeit im Sommer dafür sorgt, dass überschüssige Elektronen von unserer Körperoberfläche in die Luft abgegeben werden können. Wie man herausfand, kann diese elektrische Aufladung bei Bienen etwa 300 bis 500 Volt betragen. Doch muss man sich deswegen keine Sorgen machen. Die Stromstärke ist viel zu gering, als dass es irgendeinen spürbaren Effekt für denjenigen hätte, der mit einer dieser »aufgeladenen Bienen« in Berührung kommt. Des Weiteren ist der mit einer feinen Wachsschicht überzogene und hauptsächlich aus Chitin bestehende harte Panzer, das Exoskelett der Bienen, im Gegensatz zu unserer Säugetierhaut elektrisch nicht leitfähig, sodass kein elektrischer Strom darüber fließen kann und die Bienen sich nicht schlagartig entladen können.

Als die Forscher herausfanden, dass die »Versuchsbienen« anscheinend auf von außen einwirkende elektrische Ladungen reagieren und diese somit irgendwie wahrnehmen müssen, war klar, dass man dieses Phänomen weiter untersuchen musste. Wie man nach und nach entdeckte, reagieren die Haare der Bienen sowie ihre Antennen auf sich ändernde elektrische Felder, indem sie je nach Intensität der einwirkenden Ladung in Bewegung geraten. Dieses »Tanzen« der Haare und Antennen erfolgt im Nanometerbereich und ist mit bloßem Auge nicht sichtbar. Diese Mikrobewegungen können nur mit hochsensiblen Messverfahren nachgewiesen werden. Die dadurch verursachte Bewegung der Härchen wird schließlich durch Mechanorezeptoren in den Antennen sowie an der Basis der Haare in elektrische Aktionspotenziale umgewandelt und so weitergeleitet. Dadurch scheinen Bienen und andere Insekten in der Lage zu sein, elektrische Ladungen wahrzunehmen und auf diese entsprechend reagieren zu können. Und auch hier gilt: Was auch immer in der Natur zum eigenen Vorteil dienen kann, wird in der Regel auch genutzt. Wie zum Beispiel bei der Futtersuche.

Durch die Verbindung von Pflanzen zum Erdreich sind diese im Gegensatz zu einer durch die Luft fliegenden Biene meist eher etwas negativ geladen. Besucht eine Biene nun eine Blüte, wird die Blüte dadurch einige Elektronen verlieren, die sie an die Biene abgibt. Zwar sind diese Ladungsänderungen sehr gering, doch anscheinend ausreichend, um von Bienen beim Vorbeiflug an einer Blüte registriert zu werden. So kann eine Biene letztlich »spüren«, ob bereits kurz vor ihr eine Kollegin oder ein anderes Insekt an der Blüte war, und sich aus Effizienzgründen lieber anderen »negativeren« Blüten zuwenden. Dadurch können Bienen letztlich mehr Nektar in kürzerer Zeit sammeln. Tatsächlich konnte dieses Verhalten auch in Experimenten mit künstlichen, elektrisch unterschiedlich geladenen Blüten nachgewiesen werden. Doch damit nicht genug. Faszinierenderweise fanden die Wissenschaftler auch heraus, dass diese »Elektrosensitivität« ebenso beim Schwänzeltanz, bei welchem die Bienen ihre Kolleginnen mittels einer Art Tanzsprache über Richtung und Entfernung der von ihnen zuvor gefundenen Futterquelle informieren, eine Rolle zu spielen scheint. Was durchaus sinnvoll ist, denn immerhin können weiter entfernt positionierte Bienen ihre tanzenden Artgenossinnen im Dunkeln des Stocks ja nicht beobachten, dafür aber Veränderungen des elektrischen Feldes der tanzenden Bienen wahrnehmen. Eine Entdeckung, die die Wissenschaftler zu Recht verblüffte.

Die Komplexität ihrer Wahrnehmungsfähigkeit ist immer wieder aufs Neue erstaunlich, gerade wenn man bedenkt, dass Bienen schon seit Millionen von Jahren auf der Erde leben und schon lange vor uns Menschen diesen Planeten besiedelt haben.

Der derzeit älteste Fossilienfund einer Honigbiene ist eine in Bernstein konservierte Biene aus Myanmar, deren Alter auf beeindruckende 50 bis 80 Millionen Jahre geschätzt wird. Doch fanden Forscher erst kürzlich ein weiteres in Bernstein eingeschlossenes Fossil eines Insekts, welches als Übergangsform zwischen Wespe und Biene gilt und auf etwa 100 Millionen Jahre zurückdatiert wird. Diese »Ur-Biene« weist sowohl Merkmale von Bienen als auch Merkmale von Wespen auf. Damit kennzeichnet dieses Fossil quasi den Übergang von Wespe zur Biene, denn vegetarisch lebende Bienen haben sich vermutlich aus karnivoren (fleischfressenden) Insekten, wie es etwa Grabwespen sind, entwickelt. An dem fossilen Insektenkörper gefundene Pollenkörner belegen hierbei erstmals, dass bereits sehr ursprüngliche Bienen wie diese Pollen an Blüten gesammelt haben.

Plötzlich kehrt neues Leben in die kleine Sammlerin zurück, als würde ihr nun wieder in den Sinn kommen, wo sie eigentlich hinwollte und welch wichtiger Aufgabe sie nachzugehen hat. Mit schnellen, kräftigen Flügelschlägen beginnt sie, mit ihrer schweren Last wieder abzuheben, und fliegt davon.

Im Wirrwarr Tausender umherfliegender Bienen ist sie schnell nicht mehr auszumachen. Sicher wird sie nun auf kürzestem Weg den Eingang zu ihrem Volk suchen, um dort den gesammelten Nektar und Pollen pflichtbewusst abzuliefern. Eine kleine Rast auf dem Ärmel des ohnehin im Weg stehenden Imkers kann man ihr da beim besten Willen nicht verübeln.

Eine körpereigene Wachsfabrik

Bei der Erstdurchsicht der Bienenvölker im Frühjahr zeigen sich bei jedem Volk mehr oder weniger große Unterschiede. So hatte es das nächste zur Durchsicht geöffnete Volk im Herbst nicht mehr geschafft, die beiden äußersten leeren Wabenrahmen auszubauen, und begnügte sich anscheinend mit nur acht fertiggestellten Waben, auf denen es den Winter verbracht hatte. Aufgrund der jetzt in voller Blüte stehenden Obstbäume und des damit verbundenen hohen Nektareintrags scheint ihnen der Platz nun aber doch zu eng zu werden. Weswegen sie eifrig dabei sind, die beiden im vergangenen Jahr noch nicht ausgebauten Wabenrahmen mit neuem Wachsbau Zelle für Zelle zu füllen, um so neuen Platz für die Lagerung des frisch eingetragenen Nektars und Pollens zu schaffen.

Den Ort, auf dem ihr Leben stattfindet, von der Aufzucht der Jungbrut bis zum Einlagern ihres Wintervorrats, produzieren die Bienen aus sich selbst heraus. Sprich, das Wachs, welches für den Bau ihrer Waben benötigt wird, produzieren die Bienen mit ihren eigenen Körpern. Mittels spezieller Wachsdrüsen an der Unterseite ihres Körpers schwitzen sie Wachs aus und sind somit quasi ihre eigene kleine Wachsfabrik. Auch dies stellt eine Art Alleinstellungsmerkmal dar. Im Gegensatz zu anderen Insekten wie zum Beispiel Wespen, die auf Holz angewiesen sind, welches sie letztlich zu einer Form von Papier verarbeiten, um ihr Nest zu bauen, sind Bienen zum Nestbau nicht auf bestimmte Naturmaterialien angewiesen, sondern können das Gerüst ihres Lebens aus sich selbst heraus produzieren.

Die vier paarig angelegten Wachsdrüsen sind am 13. bis 18. Tag – in der Zeit, in der junge Arbeiterinnen meist im Bautrupp tätig sind – naturgemäß am stärksten entwickelt.

Die Wachsdrüsen geben das Wachs in flüssiger Form ab, welches auf den sogenannten »Wachsspiegeln« an der Unterseite ihres Hinterleibs sofort zu kleinen schneeweißen Wachsblättchen aushärtet. Wie sich dieser körpereigene Prozess der Bienen über die Jahrmillionen ihrer Entwicklung herausgebildet hat, bleibt faszinierend und rätselhaft zugleich.

Mit ihren Mundwerkzeugen formen die Baubienen die Wachsstücke dann so, dass sie sich ideal an die gerade entstehende Zelle anschmiegen. So schaffen es die Bienen Stück für Stück, innerhalb weniger Tage mehrere Waben mit Tausenden von Zellen zu bauen.

Die hier gerade ganz frisch gebildeten und erst halb ausgebauten Waben sind noch reinweiß. Die spätere, im Laufe der Zeit eintretende gelbe Färbung des Wachses entsteht hauptsächlich durch den Kontakt mit Pollen und Propolis.

Letztlich dient die feine Wabenstruktur nicht nur der Einlagerung von Honig und Pollen sowie der Aufzucht der Jungbrut. Sie wird auch zur Kommunikation verwendet, wie Forscher aufgedeckt haben. So können sich Schwingungen über die Oberfläche der Wachsstruktur ausbreiten und damit bestimmte Informationen weiterleiten, welche die Bienen mit ihren sensiblen Körpern aufnehmen und verarbeiten können.

Die Wände der frisch gebauten sechseckigen Zellen sind absolut glatt und überall gleich dick. Alle Winkel scheinen das exakt selbe Maß zu haben. Die sechseckige Form der Zellen bietet mathematisch gesehen die beste Form der Flächenausnutzung bei gleichzeitig höchster Stabilität, weswegen man Bienenwabenmuster inzwischen beispielsweise auch häufig im Auto- oder Flugzeugbau findet, da man so effektiv, leicht und trotzdem stabil bauen kann.

Die am oberen Rand der frisch gebauten Wabe schon fertiggestellten Zellen wurden von der Königin bereits mit kleinen weißen Eiern bestückt. Hält man die Wabe schräg ins Sonnenlicht, kann man diese deutlich am Boden klebend leuchten sehen. Auch in diesem Volk scheint die Königin wohlauf, gesund und »legefreudig« zu sein, sodass dem Volk nun eine weitere Zarge mit zehn neuen und noch leeren Wabenrahmen aufgesetzt werden kann, in der Hoffnung, dass diese ebenfalls rasch ausgebaut und mit Honig befüllt werden.

Imkerei im Wandel der Zeit

Dass man in der Imkerei bewegliche und herausnehmbare Wabenrahmen einsetzt, was das Arbeiten und Kontrollieren an den Bienenvölkern wesentlich erleichtert, ist in der langen Geschichte der Imkerei tatsächlich eher eine relativ neue Erfindung. Die Entwicklung des beweglichen Wabenrähmchens um 1853 wird August Freiherr von Berlepsch, einem deutschen Bienenforscher, zugeschrieben.

Berlepsch setzte sich zu Lebzeiten stets für eine nutzbringende Verbindung zwischen Wissenschaft und imkerlicher Praxis ein. So ermöglichte erst die Erfindung des mobilen Wabenrähmchens die Entnahme einzelner Honigwaben, ohne den Wabenbau beschädigen zu müssen. Erst dies machte das einfache Kontrollieren der Völker und die gezielte Entnahme von Honigwaben möglich, welche jetzt geschleudert und anschließend wieder in das Volk zurückgehangen werden konnten. Es ist sicher nicht übertrieben zu sagen, dass diese Erfindung die Imkerei revolutionierte.

Zwar hält der Mensch schon seit Tausenden von Jahren Bienen, doch ursprünglich in relativ simplen Bienenbehausungen. Von einfachen geflochtenen Strohkörben über alte ausgehöhlte Baumstämme bis hin zu Tonröhren, wie sie im Alten Ägypten Verwendung fanden, ist ihnen allen gemein, dass es keine Möglichkeit gab, an den Honig zu kommen, ohne dem Volk und seinem Wabenbau nachhaltig zu schaden. Zwar konnte man Honig ernten, doch vernichtete man dabei nicht selten das Bienenvolk, da oft die gesamten Waben ausgeschnitten werden mussten.

Schaut man ins Mittelalter zurück, kann man feststellen, dass es sogar noch aufwendigere Formen der Bienenhaltung gab. Damals wurden Bienen noch in hoch gelegenen Baumhöhlen gehalten. Meist musste man, um überhaupt an das Bienenvolk zu kommen, zunächst zu diesem hinaufklettern.

Diese damals noch als »Zeidler« bezeichneten Waldimker hatten meist Höhlen in alte Bäume gehauen, welche mittels eines Brettes verschlossen wurden, oder nutzen bereits natürlich entstandene Baumhöhlen. Durch ein im Verschlussbrett integriertes Flugloch konnten die Bienen ein- und ausfliegen.

Ob ein sogenannter »Bienenbaum« von Bienen bewohnt wurde oder nicht, wurde oft schlicht vom Zufall bestimmt. Entweder genügte eine Höhle den »Qualitätsansprüchen« eines Bienenschwarms und er zog darin ein – oder eben nicht und sie blieb leer.

Die Zeidler konnten den Honig nur ernten, indem sie die Waben direkt aus dem Bienennest herausschnitten. Wobei oft strikt festgelegt war, welcher Bienenbaum zu welchem Zeidler gehörte. Hatte sich jemand unberechtigt an einem fremden Bienenvolk vergriffen, konnte dies drastische Strafen nach sich ziehen.

Die Zeidlerei war zu damaligen Zeiten ein sehr angesehener und geachteter Beruf, vor allem da Honig quasi die einzige Form von Zucker und somit ein eher selten zur Verfügung stehendes Süßungsmittel war. Einfach in den nächsten Supermarkt zu gehen und für wenig Geld so viel Zucker zu kaufen, wie man wollte, war damals eher schwierig.

Fast noch mehr geschätzt als der Honig war das Wachs, welches Zeidler aus den Waben der Bienenvölker gewinnen konnten. Wie man sich leicht vorstellen kann, war der Verbrauch an Kerzen mangels elektrischer Lichtquellen damals noch recht hoch. Auch gab es keine Kerzen aus Paraffin, welche letztlich aus Erdöl gemacht sind, da die Erdölförderung und die damit

verbundenen reichhaltigen Möglichkeiten damals schlicht noch nicht entdeckt worden waren.

Ebenso wurde Wachs als sogenanntes »Siegelwachs« zum Versiegeln von Briefen und Dokumenten eingesetzt. So war Bienenwachs damals ein sehr begehrter, aber nicht unbegrenzt verfügbarer Rohstoff, weshalb dessen Wert teilweise sogar den des Honigs überstieg.

Mit der Zeit wurde den Leuten das ständige Klettern zu den Bienenvölkern hoch oben in den Bäumen dann wohl zu mühsam, weswegen man sich später zunehmend für praktikablere und häuslich näher gelegene Haltungsformen in Strohkörben oder anderen einfachen Bienenbehausungen aus Holz entschied. Allerdings ist diese sehr ursprüngliche Art der Bienenhaltung, in welcher die Bienen in hoch gelegenen natürlichen Baumhöhlen im Wald gehalten werden, nie ganz ausgestorben.

In der Lausitz, Regionen des Baltikums sowie in Gebieten von Russland blieb diese traditionelle Form der Imkerei sogar noch bis ins 19. Jahrhundert erhalten.

Tatsächlich gibt es in jüngster Zeit wieder Versuche, Bienen auf diese ursprüngliche Art und Weise zu halten. Hierbei geht es primär darum, eine möglichst naturnahe Haltungsform neu zu beleben. Auch werden derlei Projekte oft wissenschaftlich betreut, um zu kontrollieren, welchen Einfluss diese ursprünglichere Art der Bienenhaltung auf die Gesundheit der Tiere hat. Sind die so gehaltenen Bienenvölker widerstandsfähiger gegenüber Krankheiten? Schwärmen sie öfter? Verbrauchen sie mehr oder weniger Honig? Welche ideale Größe sollte solch eine natürliche Baumhöhle haben und wie sollte sie beschaffen sein, damit sich ein Bienenvolk in ihr wohlfühlt?

Dies alles sind Fragen, die hierbei untersucht werden. Und tatsächlich scheint es Anzeichen dafür zu geben, dass die so gehaltenen Völker robuster und widerstandsfähiger sind. Auf jeden Fall ein interessanter Ansatz, welcher weiterverfolgt und untersucht werden sollte.

Teil 2

Mittag

Wie aus Nektar Honig wird

Nach der Kontrolle und Erweiterung fünf weiterer Bienenvölker wird es langsam warm im Imkeranzug. Die Sonne steht nun in ihrem Zenit und scheint in ihrer vollen Intensität auf den Wiesenhang. Am Bienenstand herrscht jetzt höchste Flugaktivität. Das schöne Wetter und das derzeitig übervolle Nektarangebot bieten den Bienen ideale Voraussetzungen, um ihre Vorratsreserven mit frischem Nektar aufzufüllen.

Unter diesen Umständen kann ein Bienenvolk pro Tag durchaus bis zu drei Kilogramm des süßen Saftes sammeln. Doch muss dieser noch getrocknet werden, um den Wassergehalt des letztendlich daraus entstehenden Honigs so gering wie möglich zu halten. Durch Verdunstung entziehen die Bienen dem frisch eingetragenen Nektar das überschüssige Wasser. Dies gelingt den Arbeiterinnen im Staat natürlich umso besser, je wärmer die Außentemperaturen sind und je trockener die sie umgebende Luft ist. Durch das heute fast schon sommerlich warme Wetter haben die Bienen hierfür ausgezeichnete Bedingungen.

Der in der Luft liegende Geruch von frisch eingetragenem Nektar ist nun besonders intensiv. Doch warum riecht es eigentlich so stark nach Honig rund um die Bienenstöcke? Wäre es nicht besser für die Bienen, den gesammelten Nektar direkt in die Zellen zu füllen und sofort mit einem Wachsdeckel zu überziehen, sodass dieser nach außen hin relativ geruchsneutral verschlossen wird, um potenzielle Honigräuber wie Bären oder andere Insekten gar nicht erst in Versuchung zu führen? Ganz so einfach ist es leider nicht. Vom Nektar zum fertigen Honig ist es für die Bienen noch ein ganzes Stück Arbeit. Zunächst hat der an den Blüten gesammelte Nektar noch einen Wassergehalt von etwa siebzig Prozent. Dieser ist damit natürlich viel zu hoch, um ihn einlagern zu können. Wie bereits erwähnt, sollte der Honig nach Möglichkeit einen Wassergehalt von unter zwanzig Prozent haben, um die Wahrscheinlichkeit zu minimieren, dass er in Gärung gehen kann. Um also aus dem an den Blüten gesammelten Nektar lagerfähigen Honig zu machen, haben die Bienen noch einiges zu tun. Der von den Bienen an den Blüten gesammelte Nektar gelangt zunächst in den Honigmagen, worin er bereits während des Fluges durch Enzyme in Glukose und Fruktose gespalten (invertiert) wird. Angekommen am Bienenstock wird dieser bereits »vorgespaltene« Nektar über den Saugrüssel an die dortigen Arbeiterinnen übergeben. Die Stockbienen nehmen das Gemisch dann ebenfalls in ihren Honigmagen auf und spalten den darin enthaltenen Zucker schrittweise auf. Dabei wird der zukünftige Honig mehrmals von Biene zu Biene übergeben, wobei die Zuckermoleküle immer weiter aufgespalten werden und der Wassergehalt immer mehr reduziert wird. Somit wird der Honig von Übergabe zu Übergabe immer dickflüssiger. Gleichzeitig werden Drüsensekrete mit Eiweißstoffen, Enzymen und keimtötenden Inhaltsstoffen zugesetzt. Wird der halbfertige Honig dann in die Zellen gebracht, ist der Wassergehalt jedoch immer noch zu hoch, sodass die Bienen diesen durch Flügelfächeln noch weiter trocknen müssen. Hierbei wird ein warmer Luftstrom erzeugt, der das verdunstete Wasser abführt. Oft bilden die Bienen hierzu eine Art »Ventilationskette«, um die feuchte Luft nach draußen zu befördern. Natürlich funktioniert dies umso besser, je wärmer es ist. Und genau dies ist der Grund, warum nun zur Mittagszeit ein derart intensiver, blumig-süßer Geruch in der Luft um die Bienenstöcke liegt. Ein Geruch, der einem mit etwas Erfahrung auch meist schon verrät, von welcher Pflanze die Bienen so fleißig Nektar gesammelt haben. Hat doch jeder Honig seine ganz eigene Note.

Hält man Bienen, hat man allerdings ohnehin immer ein besonderes Auge darauf, was wann und wie lange in der Umgebung der Bienenstände blüht, und kann aus diesem Wissen heraus oft schon vorhersagen, welcher Honig wohl überwiegend in den Bienenstöcken von den Bienen eingelagert wird.

Doch sammeln die Bienen nicht einfach willkürlich drauflos. Eine wichtige Eigenschaft beim Sammeln ist die sogenannte »Blütenstetigkeit« der Bienen. Das bedeutet, dass die Bienen eines Volkes fast alle auf ein und dieselbe ergiebige Nektarquelle fliegen, welche in der jeweiligen Zeit gerade am meisten Nektar verspricht. Blühen beispielsweise gerade zahlreiche Kastanienbäume in der näheren Umgebung des Bienenstandes, fliegen so gut wie alle Sammlerinnen an die prachtvollen Blütenstände und lassen eher vereinzelt vorkommende Blüten anderer Pflanzenarten links liegen. Durch die Informationsweitergabe über gute Nektarquellen in der Umgebung mittels des Schwänzeltanzes ergibt sich ein selbstverstärkender Effizienzeffekt, der letztlich dazu führt, dass fast alle Völker und Bienen zur selben ergiebigen Nektarquelle fliegen, um so möglichst viel Blütennektar in möglichst kurzer Zeit sammeln zu können. Nur so ist es auch machbar, »Sortenhonige« wie Robinien-, Heide- oder Kornblumenhonig zu produzieren.

Die Kraft des Pollens

Die Blütenstetigkeit bedingt somit auch, dass so gut wie alle heimkehrenden Bienen gleich gefärbte Pollenpakete an ihren Hinterbeinen mit nach Hause bringen. Denn die Farbe des Pollens einer Pflanzenart unterscheidet sich meist deutlich von der einer anderen Pflanzenart. Hierbei hat die Natur mit vollen

Händen aus dem ihr zur Verfügung stehenden Farbspektrum geschöpft. So kann man mit etwas Erfahrung bereits an der Farbe der von den Bienen mitgebrachten Pollenpakete erkennen, an welcher Blume, welchem Strauch oder welchem Baum die kleinen Flieger gerade genascht haben. Ist der sich im zeitigen Frühjahr an den Hinterbeinen der Biene angeheftete Pollen orangerot, wird die Biene vermutlich an den Blüten der Schneeglöckchen gewesen sein. Der Pollen der Märzenbecher hingegen ist eher gelb-orange, der der Haselnuss mehr grünlich-gelb. Sind die Pollenhöschen im späteren Verlauf des Jahres hingegen zitronengelb, könnte es ein Rapsfeld in der Nähe geben. Sind sie im Spätsommer eher bläulich-violett, könnte es sich um ein Phacelia-Feld handeln. Die auch als »Büschelschön« bezeichnete Pflanze wird von Landwirten oft als Zwischenfrucht zur Bodenverbesserung angepflanzt. Doch nicht nur den Böden, auch den Bienen tut die intensiv blühende Pflanze Gutes.

Momentan bringen die Bienen jedoch hauptsächlich beigen Pollen von den in voller Blütenpracht stehenden Apfelbäumen auf der direkt am Bienenstand anliegenden Streuobstwiese mit nach Hause.

Die Bienen verwenden die gesammelten Pollen hauptsächlich als Nahrung für ihre Brut. Zur Einlagerung wird der mitgebrachte Pollen mit Speichel versetzt und nach Einbringung in die Zellen mit einer dünnen Schicht Propolis überzogen. Man spricht hier auch vom sogenannten »Bienenbrot«. Der so eingelagerte Pollen unterliegt dann einem Fermentationsprozess durch Milchsäurebakterien und Hefen, was ihn für die Brut leichter verdaulich macht.

Doch auch der Mensch nutzt den von den Bienen gesammelten Blütenpollen als Nahrungsergänzung. Blütenpollen gilt als eine Art »Kräftigungsmittel« und wird von vielen Personen zur Vitalisierung eingenommen. Tatsächlich weist er zahlreiche gesundheitsfördernde Inhaltsstoffe auf. Von verschiedenen Vitaminen wie Vitamin-B-Komplexen, Vitamin C, E und D über bestimmte Aminosäuren bis hin zu Antioxidantien. Überdies findet man mehr als sechzig Spurenelemente wie Magnesium, Zink, Phosphor oder Eisen in ihm. Auch weist Blütenpollen antibakterielle Eigenschaften auf und gilt als entzündungshemmend. Zusätzlich halten die über einhundert aktiven Enzyme im Pollen den Verdauungstrakt im Gleichgewicht.

Nicht ohne Grund erhält er auch hier und da die Bezeichnung »Superfood«. Sicherlich sollte man mit den Heilsversprechen auch hier eher vorsichtig umgehen, doch was den Bienen bei der Ernährung hilft, kann so verkehrt für uns Menschen sicher auch nicht sein. Nur als Pollenallergiker sollte man vorsichtig sein, kann er in diesem Fall doch zu allergischen Reaktionen des Immunsystems führen. Auf der anderen Seite kann er aber auch genau das Gegenteil bewirken und zur Abmilderung der Heuschnupfensymptome verwendet werden. Verzehrt man im Winter regelmäßig kleinste Mengen davon, kann man das Immunsystem quasi auf den Frühjahrsflug der Pollen »trainieren«. Tatsächlich werden Blütenpollen bei Heuschnupfen erfolgreich zur »Desensibilisierung« des Immunsystems eingesetzt. Nur sollte man im Allergiefall sehr bedacht damit umgehen und die Einnahme unter ärztlicher Aufsicht durchführen. Dabei ist der Effekt mutmaßlich am größten, wenn man Pollen aus der eigenen Region zu sich nimmt, da die Pollenzusammensetzungen aus verschiedenen Gegenden oft stark unterschiedlich sind und die Pflanzenstruktur einer fremden Umgebung eine ganz andere sein kann als die vor der eigenen Haustür.

Blütenpollen schmecken herb-süßlich. Einnehmen kann man ihn einfach pur oder vermengt mit Müsli. Und ein paar

Krümel des bunten Pollens, lose aufgestreut auf das morgendliche Honigbrot, werten dieses nicht nur kulinarisch, sondern auch optisch auf.

Sofern es sich um naturbelassenen Honig handelt, findet man auch in diesem Pollen. Bei der industriellen Verarbeitung hingegen wird der Honig oft erhitzt, zudem werden Propolis sowie Pollen gezielt herausgefiltert, damit der Honig später nicht so schnell kristallisiert. Gleichzeitig werden bei der Erhitzung Enzyme zerstört, wodurch der Honig einen Teil seiner gesundheitsfördernden Wirkung verliert. Es ist also nicht nur aus ökologischer, sondern auch aus gesundheitlicher Sicht besser, Honig regional aus der näheren Umgebung zu kaufen.

Davon abgesehen ergab eine kürzlich in Auftrag gegebene Studie der EU-Kommission, dass fast jeder zweite Importhonig mit Zuckersirup gestreckt zu sein scheint. Wo Honig draufsteht, muss also nicht immer auch nur Honig drin sein.

Das Verstummen der Natur

Schaut man von dem am Hang etwas erhöht liegenden Bienenstand auf die Streuobstwiese herunter, wirkt es fast so, als hätte sich eine weiße Decke über die Wiese gelegt. So gut wie über die gesamte Fläche verteilt liegt dicht an dicht gedrängt die weiße Pracht der Obstbaumblüte. Nur vereinzelt schimmert noch ein grüner Fleck Wiese hindurch. Jeder Baum ist übersät mit Hunderten bis Tausenden großer weißer Blüten, die in der Mittagssonne regelrecht zu leuchten scheinen. Ein Anblick, der einem im Frühjahr immer wieder das Herz aufgehen lässt.

Nicht nur die Honigbienen naschen vom reichhaltigen Angebot der Apfelblüten, auch unzählige verschiedene Wildbienenarten laben sich an dem gut gedeckten Tisch der Natur. Steht man zur Blütezeit unter den Bäumen, kann man das intensive Summen und Brummen der verschiedenen nektarsammelnden Insekten zwischen den Blättern und Zweigen deutlich hören.

Natürlich spendieren die Apfelbäume nicht umsonst so viel Energie in Form von Nektar. Auch sie wiederum sind von den kleinen fliegenden Freunden abhängig. Apfelbäume sind (wie alle Obstbäume) auf Fremdbestäubung durch Insekten angewiesen. Diese transportieren die an ihren Haaren oder an ihrem Körper beim Nektarsaugen kleben gebliebenen Pollen nicht nur von Blüte zu Blüte, sondern auch von Baum zu Baum und sorgen so für den genetischen Austausch unter den Bäumen, wie es allein der Wind nicht schaffen würde. So tragen Honigbienen, Wildbienen und die unzähligen anderen nektarsammelnden Insekten auch immer zum Erhalt der verschiedenen Pflanzenarten bei. Eine Symbiose, wie es sie schon seit vielen Millionen Jahren gibt. Lange bevor die ersten Menschen auf die Idee kamen, Bienen zur Honiggewinnung zu nutzen, flogen die fleißigen Sammlerinnen von Blüte zu Blüte und sorgten so für die Bestäubung und Verbreitung der jeweiligen Pflanzenarten.

Insofern waren Bienen nie auf die Hilfe des Menschen angewiesen. Wir hingegen hätten ein ziemliches Problem, sollten Bienen und andere Insekten plötzlich verschwinden. Ohne Bienen müssten wir nicht nur auf Honig verzichten, auch zahlreiche Obst- und Gemüsesorten gäbe es nicht mehr. Etwa achtzig Prozent unserer Nutz- und Wildpflanzen sind auf Bestäubung durch Insekten angewiesen. Würden sie verschwinden, käme es vermutlich zu einer ökologischen Katastrophe unvorstellbaren Ausmaßes, welche letztlich auch fatale Auswirkungen auf uns Menschen hätte. Ohne die Hilfe der kleinen Brummer, Kriecher und Krabbler aus dem Insektenreich würden wohl die meisten Pflanzen einfach verschwinden. Und mit ihnen unzählige Tierarten, die wiederum auf deren Existenz und die damit verbundene Bestäubungsleistung angewiesen sind. Dies könnte zum Kollaps ganzer Ökosysteme führen. Ein Szenario, welches wir in seiner gesamten Auswirkung nur ansatzweise erahnen können. Umso wichtiger ist es, dass wir alles dafür tun, die natürliche Artenvielfalt zu erhalten.

Leider liefern uns wissenschaftliche Studien hierzu immer wieder erschreckende Zahlen, welche uns längst zu einer radikalen Umkehr im Umgang mit unserer Natur und der sich darin befindlichen Insektenwelt hätten bewegen sollen.

Von den ursprünglich in Mitteleuropa etwa 560 verschiedenen Wildbienenarten ist bereits etwa die Hälfte auf der »Roten Liste« als »bestandsgefährdet« eingeordnet und stehen damit kurz vor dem Aussterben oder sind bereits ausgestorben. Nur etwa 37 Prozent gelten als »ungefährdet«. Die restlichen Arten sind entweder sehr selten, stehen auf der Vorwarnliste oder können wegen mangelnder Datenlage nicht eingestuft werden. Wissenschaftliche Langzeitstudien liefern immer wieder alarmierende Hinweise darauf, dass die Anzahl an Wildbienen und anderen Insekten in den letzten Jahrzehnten massiv zurückgegangen ist.

Insekten machen circa achtzig Prozent aller tierischen Lebewesen aus und sind somit einer der wichtigsten Grundbausteine aller Ökosysteme. Als Bestäuber von Blütenpflanzen sind sie so auch für den Menschen von unermesslichem Wert.

Eine im Oktober 2017 im Fachjournal *Plos one* zusammen mit Wissenschaftlern aus den Niederlanden und Großbritannien veröffentlichte Langzeit-Monitoring-Studie des Entomologischen Vereins Krefeld e. V. hat international für große Aufmerksamkeit gesorgt. Die von den Forschern über einen Zeitraum von 1989 bis 2016 gemessenen Daten deuten auf einen

Biomasseverlust an Fluginsekten von durchschnittlich 76 Prozent an den bemessenen Standorten hin. So konnten die Wissenschaftler 1989 noch durchschnittlich 1,6 Kilogramm Insektenbiomasse pro Falle messen. Wohingegen es 2016 nur noch durchschnittlich 300 Gramm waren. Anzumerken ist hier, dass die Messungen in Naturschutzgebieten durchgeführt wurden. Würde man die zahlreichen Monokultur- und Bebauungsflächen miteinbeziehen, wäre das Ergebnis vermutlich noch dramatischer. Ein Resultat, welches zu Recht bestürzt.

Zwar wurde das Monitoring der Insekten in der Vergangenheit wissenschaftlich stark vernachlässigt, doch deuten zahlreiche weitere entomologische Studien (Entomologie: Insektenkunde) ebenfalls auf einen gravierenden Rückgang der Insekten hin. Als Hauptursachen hierfür sehen Fachleute das Verschwinden von Nistmöglichkeiten durch Zerstörung des Lebensraums sowie die Verminderung des Nahrungsangebots und den großflächigen und massenhaften Einsatz von Pestiziden in der industriellen Landwirtschaft.

Eine 2019 veröffentlichte Langzeitstudie der Technischen Universität München bestätigte den massiven Rückgang an Biomasse bei Insekten und zeigte, dass der Rückgang ebenso die Häufigkeit und die Artenzahl von Insekten betrifft. Hierfür werteten Wissenschaftler Daten zur Biomasse, Häufigkeit und Artenzahl von Insekten auf insgesamt 150 verschiedenen Grünflächen sowie 140 verschiedenen Waldflächen in drei Regionen Deutschlands aus und kamen zu beunruhigenden Ergebnissen. So sank die Biomasse der Insekten auf Grünflächen innerhalb von zehn Jahren um 67 Prozent, wobei die Häufigkeit sogar um erschreckende 78 Prozent abnahm. Die Anzahl an Arten auf Grünflächen sank in dieser Zeit um ganze 34 Prozent. Der im Studienzeitraum bemessene Rückgang auf den Waldflächen war zwar etwas niedriger, aber trotzdem nicht minder besorgniserregend. So war hier im selben Zeitraum eine durchschnittliche Abnahme der Biomasse um 41 Prozent und bei der Artenzahl um 36 Prozent zu verzeichnen. Signifikant dabei: Am höchsten war der Verlust an Insekten auf Flächen, die in der Umgebung von intensiv bewirtschafteten Gebieten lagen.

Allein in der EU werden jährlich etwa 300 000 Tonnen Pestizide ausgebracht. Weltweit sollen es nach dem 2022 veröffentlichten *Pestizidatlas* etwa 4 Millionen Tonnen sein – Tendenz steigend. So liegt der Wert etwa 80 Prozent über dem von 1990. Die Zahl der jährlich von Pestizidvergiftungen betroffenen Menschen sei weltweit auf etwa 385 Millionen gestiegen, wie ebenfalls im *Pestizidatlas* zu lesen ist. Dass allein das Spritzen von Hunderttausenden Tonnen an Insektenvernichtungsmitteln zum Verschwinden der Insekten beiträgt, sollte selbst dem Laien einleuchten.

Immer mehr Studien deuten darauf hin, dass der Einfluss vermeintlich unbedenklicher Pestizide auf die Gesundheit und Vitalität von Bienen und anderen Insekten höher ist als vermutet. Gleichzeitig trägt das massenhafte Ausbringen von »Unkrautvernichtungsmitteln« zur Bedrohung zahlreicher Wildblumenarten bei, sodass diese als Nahrungsgrundlage für alle nektarsammelnden Insekten wegfallen. Bunte Getreidefelder, durchsetzt mit Korn- und Mohnblumenblüten sind heute leider ein sehr seltener Anblick geworden. Pestizidrückstände sind inzwischen überall in der Umwelt nachweisbar – in Böden und Gewässern sowie auch im menschlichen Körper. Welche Auswirkungen dies auf die Umwelt oder unsere Gesundheit haben wird, kann derzeit niemand vorhersagen.

Wer schon länger hinter dem Steuer eines Autos sitzt, wird bestätigen können, dass man in früheren Zeiten regelmäßig anhalten musste, um die Frontscheiben des Autos von toten Fluginsekten zu säubern. Heute ist dies kaum noch der Fall. Eines der zahlreichen kleinen Indizien, dass unsere Insektenwelt massiv bedroht ist und wir dem sogenannten »stummen Frühling« immer näher rücken.

Die Bezeichnung des »stummen Frühlings« wurde von der Biologin Rachel Carson und ihrem 1962 erschienenen Buch *Silent Spring* (deutscher Titel: *Der stumme Frühling*) geprägt. Das Buch wird als eines der richtungsweisendsten Bücher des 20. Jahrhunderts beschrieben, nahm massiven Einfluss auf die immer stärker werdende weltweite Umweltbewegung und hatte durch die daraufhin ausgelöste politische Debatte massiven Anteil an dem späteren DDT-Verbot in den USA.

Das »Verstummen der Natur« kann tatsächlich auch wissenschaftlich gemessen und quantifiziert werden. So konnten etwa die Wissenschaftlerin Catriona Morrison von der University of East Anglia in Norwich (England) und ihre Kollegschaft rekonstruieren, wie die akustische Geräuschkulisse des Vogelgesangs an verschiedenen Standorten vor 25 Jahren klang und wie sie dort heute klingt. Dafür nutzten sie Daten von Vogelzählungen für circa 200 000 Orte in Europa sowie Nordamerika von vor etwa 25 Jahren bis in unsere heutige Zeit und griffen auf eine Datenbank zurück, welche die typischen Gesänge von rund tausend Vogelarten enthält. Anschließend analysierten die Forscher quantitativ, wie sich der Vogelschwund auf die Intensität und Heterogenität, die Dichte sowie die akustische Vielfalt des Vogelgesangs ausgewirkt hat. Das erschreckende Ergebnis war, dass der Vogelgesang in den so verglichenen 25 Jahren insgesamt wesentlich leiser und eintöniger geworden ist. Sowohl an den Standorten in Europa als auch in Nordamerika. Sprich, der drastische Rückgang an Vögeln ist inzwischen auch akustisch hörbar. Und genau diese Befürchtung, dass unser Umgang mit der Natur und unsere aggressive Landwirtschaftspolitik letztlich zum Aussterben und somit zum Verstummen der Vögel führen werden, beschrieb die Biologin Rachel Carson bereits 1962.

Durch die starke Umstrukturierung unserer Umwelt sowie den massenhaften Pestizideinsatz haben wir in den letzten sechzig Jahren viele Arten bereits ausgerottet und sind dabei, unsere gesamte Insektenwelt zu vernichten. Und damit folglich auch die darauf aufbauenden Ökosysteme. Bereits ausgestorbene Arten sind vermutlich unwiederbringlich verloren, deswegen sollte es nun von oberster Dringlichkeit sein, die noch vorhandenen Arten zu schützen und zu bewahren. Eine Aufgabe, die wir alle gemeinsam meistern müssen, um auch den nächsten Generationen noch eine bunte, schöne und lebenswerte Umwelt hinterlassen zu können. Mit Sicherheit ist hierfür auch eine gewisse Änderung in unserer Lebensweise nötig, ohne die ein Wandel im Umgang mit unserer Natur wohl kaum möglich sein wird.

Das wissenschaftliche Fachmagazin *Nature Communications* veröffentlichte jüngst eine Studie des Schweizer Forschungsinstituts für biologischen Landbau (FiBL), in der für verschiedene Modellszenarien errechnet wurde, dass ein kompletter Umstieg auf ökologisch-nachhaltige Landwirtschaft, heißt eine Landwirtschaft ohne den massenhaften Einsatz an Pestiziden, unter bestimmten Voraussetzungen durchaus möglich ist. Hierfür wären lediglich eine Reduktion des Pro-Kopf-Fleischkonsums sowie eine Einschränkung unserer Nahrungsmittelverschwendung durch das massenhafte Wegwerfen von Lebensmitteln nötig. Zwei durchaus umsetzbare Änderungen! Der dadurch angeblich entstehende und viel befürchtete wirtschaftliche Rückschritt wäre in Wirklichkeit ein zukunftsorientierter, ökologischer und gesellschaftlicher Fortschritt, dessen Nichtumsetzung zu einer Katastrophe führen würde, welche wiederum nicht nur enorme wirtschaftliche Schäden für uns mit sich bringen, sondern letztlich sogar unsere Existenz bedrohen könnte.

Wenn wir nicht wollen, dass Kinder in der Zukunft niemals eine Biene – emsig von Blüte zu Blüte fliegend – beim Sammeln von Nektar beobachten oder über die prachtvolle Vielfalt einer mit unzähligen bunten Wildblumen durchsetzten Sommerwiese staunen können, sollten wir möglichst schnell umlenken.

Eine schmerzhafte Verwechslung

Im nun durch die Sonneneinstrahlung stark aufgeheizten Imkeranzug ist es inzwischen kaum noch auszuhalten. Saunaähnliche Zustände im Inneren des Anzugs zwingen zu einer kleinen Pause, um kurz aus dem Anzug schlüpfen zu können. Ein gutes Drittel der Bienenvölker ist inzwischen kontrolliert und wenn nötig mit einer weiteren Zarge erweitert worden. Auch der Smoker muss nachgefüllt werden. Die darin verglimmenden

Buchenspäne sind inzwischen fast vollständig verglüht. Nur noch schwach steigt weißer Rauch aus der Öffnung des Rauchgeräts. Bedingt durch die leicht vornübergebeugte Haltung bei den Arbeiten an den Bienenvölkern, verlangt auch der Rücken nun nach einer kleinen Ruhepause. Die zwischen zwei Apfelbäumen aufgespannte Hängematte im Garten scheint dafür der ideale Ort zu sein. Etwas kühles Wasser könnte dem bereits leicht trockenen Rachen auch nicht schaden.

Der Hund ist während der gesamten Zeit der durchgeführten Arbeiten an den Bienenvölkern wohlweislich in gebührendem Abstand vom Bienenstand unter der alten Linde am Fuße des Wiesenhangs liegen geblieben. Nicht nur, dass ihm hier der Schatten des knorrigen Baumes Schutz vor der Sonne bietet, die sein schwarzes Fell sonst wohl recht schnell aufheizen würde; aus mehrfacher negativer Erfahrung heraus hält er generell lieber Abstand zu den komischen rechteckigen Gebilden aus Holz, an denen es so seltsam summt und nach Honig riecht. Hat man ihn in der Vergangenheit doch schon des Öfteren laut aufjaulend von den Bienenstöcken wegrennen sehen.

Gerade sein schwarzes Fell reizt die bestachelten Arbeiterinnen ungemein, verwechseln sie es doch mit dem ihres Erzfeindes, dem Fell des Bären. Nichtsahnend, dass der Hund nur auf der Suche nach einem bei den Arbeiten am Bienenstand heruntergefallenen und auf dem Boden liegen gebliebenen Stück Honigwabe an ihren Behausungen vorbeischleicht und es Bären in unseren Breiten schon längst nicht mehr gibt, stürzen sie sich auf das sich bewegende, dunkel-pelzige Feindobjekt, bereit, ihr Volk gegen den vermeintlichen Honigdieb zu verteidigen.

Doch nicht nur dunkel gefärbte größere Tiere sind in der Nähe des Bienenstandes einer erhöhten Gefahr ausgesetzt. So ist man in der Imkerei nicht ohne Grund stets darauf bedacht, möglichst helle Kleidung zu tragen, da Bienen hier weniger aggressiv reagieren als bei dunkler oder gar schwarzer Kleidung. Die schon seit Ewigkeiten existierende Bedrohung durch Meister Petz prägte die Bienen über die Jahrmillionen Evolution so sehr, dass sie auf alle größeren, dunklen und sich bewegenden Objekte recht aggressiv reagieren.

Nach Verlassen des Bienenstandes wird nun der durch die Sonne aufgeheizte Imkeranzug abgelegt. Eine wahre Erleichterung bei den vom Außenthermometer inzwischen angezeigten 23 °C im Schatten. Der dicke Stoff des Anzugs lässt die Temperatur im Inneren doch recht schnell ansteigen.

Verfolgungsjagd

Am Rand der im Garten stehenden Vogeltränke tummeln sich inzwischen Dutzende Bienen, die eifrig dabei sind, das kühlende Nass mit ihrem Rüssel aufzusaugen.

Die weißen Zuchttauben des Nachbarn ziehen am blauen Himmel hektisch fliegend ihre Kreise. Leben sie doch in steter Angst vor dem hier ebenfalls ansässigen Habicht, der sich immer mal wieder ein Täubchen vom Himmel holt. Auch er wird nun wohl irgendwo in den Baumwipfeln des angrenzenden Waldes sein Nest mit zu versorgenden Jungen haben.

Einmal bot sich die seltene Gelegenheit, den Beutegreifer bei seiner Jagd zu beobachten. Blitzschnell und mit einer beeindruckenden Manövrierfähigkeit flog er der zwischen den Obstbäumen Schutz suchenden Taube hinterher, immer wieder geschickt reagierend auf die abrupten Haken, die die Taube zwischen den Bäumen zu schlagen versuchte, nur wartend auf den kleinsten Flugfehler vonseiten des gefiederten Leckerbissens. Nach wenigen Sekunden schon erreichte das Beute-Jäger-Gespann das Ende der Streuobstwiese, wo eine von der Taube anscheinend nicht eingeplante Buchenhecke ihre Flucht abrupt begrenzte. Um selbiger auszuweichen, musste sie leicht nach oben fliegen, was ihren Flug kurzzeitig verlangsamte. Millisekunden, die dem Habicht reichten, um sie in der Luft mit seinen scharfen Krallen zu packen. Es folgte ein Zusammenprall, der die Federn der Taube nur so durch die Luft wirbeln ließ. Kurz noch blieb der Beutegreifer tief atmend und sichtlich erschöpft von der Jagd auf der Taube sitzen. Das Tier im festen Griff seiner kräftigen Füße. Die Taube selbst schien sich nicht mehr zu bewegen. Der menschlichen Beobachtung gewahr werdend flog der Habicht dann kurzerhand samt Beute zwischen den Krallen in den schützenden Wald.

Immer wieder findet man beim Spaziergang dort Stellen mit gerupften Federn. Meist hat ein Habicht bevorzugte Rupfplätze, die er öfter hintereinander aufsucht, um seine Beute in Ruhe zerlegen zu können. Habichte sind streng territorial. Sprich, haben sie einmal ein Revier gefunden, versuchen sie, diesem auch treu zu bleiben. Dringt ein fremder Artgenosse in das Gebiet ein, wird versucht, diesen durch Warnrufe zu vertreiben. Dass es zu Kämpfen kommt, ist bei Habichten sehr selten. Vermutlich liegt dies darin begründet, dass sie sich im Falle eines direkten Kräftemessens leicht mit ihren für die Tötung größerer Wirbeltiere spezialisierten, kräftigen Füßen und Krallen gegenseitig allzu schwer verletzen könnten, was sicher nicht besonders förderlich für die Arterhaltung ihrer eigenen Spezies wäre. Auch hier hat die Natur wieder daran »gedacht«, das Verhalten der Tiere an die jeweiligen evolutionären Gegebenheiten anzupassen.

Jedoch sind nicht nur die weißen Zuchttauben des Nachbarn gefährdet. Auch kleinere Vogelarten müssen auf der Hut vor dem Beutegreifer sein. Mitunter geht er im Frühjahr sogar systematisch auf die Suche nach Nestern anderer Vögel, um deren Junge zu verspeisen. Aber vor allem die Jagd auf Hausgeflügel und Brieftauben brachte dem Habicht nicht unbedingt Sympathiepunkte ein, sodass der Bestand durch jagdliche Maßnahmen zum Ende des 19. Jahrhunderts europaweit stark reduziert war. In Großbritannien hatte man den Raubvogel sogar komplett ausgerottet. Inzwischen konnte man ihn glücklicherweise jedoch wieder ansiedeln.

Inmitten Tausender Bienen

Nimmt man sich die Zeit und versucht, einfach nur die umgebende Natur wahrzunehmen, kann man immer wieder kleine und große Geschehnisse in der Umgebung entdecken und beobachten. Das bunte Treiben der Schmetterlinge, wie sie sich gegenseitig fast spielerisch über die Wiese zu jagen scheinen. Die Meisenbande, wie sie nach Futter suchend durch den Obstgarten streift. Eine Hummel, die tollpatschig von der eben angeflogenen Blüte abrutscht und zu Boden fällt und mit ihrem schweren Körper tief brummend versucht, von selbigem wieder abzuheben. Oder die Eidechse, welche im toten Baumstumpf gegenüber der Vogeltränke lebt, wo sie sich vorsichtig anschleichend einem Insekt nähert, um es dann mit einer schnellen, für das menschliche Auge kaum wahrnehmbaren Bewegung zu fangen. Hinzu kommen Dutzende verschiedene Geräusche, die alle gleichzeitig an das Ohr dringen und alle eine eigene Geschichte erzählen. Die schrillen Schreie eines Jagdvogels, der über den Baumwipfeln kreist und versucht, andere Vögel aufzuschrecken. Das hohe Fiepsen im Gebüsch nebenan, in welchem die Amseljungen wild bettelnd auf den nächsten Wurm oder Käfer von ihren schwer beschäftigten Amseleltern warten. Das leise, monotone Rauschen der sich im leichten Wind wiegenden Bäume des angrenzenden Waldes. Oder der laute Ruf des Eichelhähers, mit seinem auffällig bunten Federkleid auf der Suche nach kleineren und größeren Insekten von Apfelbaum zu Apfelbaum fliegend.

So kann man stundenlang unter den alten und an den dicken Ästen bereits mit Moos bedeckten Apfelbäumen verbringen, leicht schaukelnd in der dort aufgehängten Hängematte, und sich der Beobachtung der umgebenden Natur hingeben. Völlig versunken in die Wahrnehmung der vielen Ereignisse ringsherum fliegt die Zeit nur so an einem vorbei.

Doch was ist das? Plötzlich drängt das sonst so leise und ruhige Summen, welches vom Bienenstand ausgehend überall im Garten als eine Art beruhigendes Hintergrundgeräusch zu hören ist, immer mehr in den Vordergrund. Ein stetig intensiver werdendes, brummendes Geräusch, als wären plötzlich zehnmal mehr Bienen am Bienenstand unterwegs als gerade noch. Ein alarmierender Verdacht beendet die Ruhepause schlagartig.

Und tatsächlich! Der eilig Richtung Bienenstand geworfene Blick bestätigt die bereits getroffene Vermutung. Etwa fünf Meter vom Bienenstand entfernt, direkt über der kleinen Wiese am Hang, schwebt eine laut summende Wolke aus Zehntausenden Bienen – alle hektisch durcheinanderfliegend und doch als Ganzes zusammenhaltend. Ein lebendiger Wirbel von unzähligen kleinen Körpern, wild um sich selbst drehend, wie ein chaotisches Bienentanzballett in der Luft.

Ein Schwarm ist abgegangen! Eines der noch nicht kontrollierten Völker muss sich wohl dazu entschieden haben, dass es nun an der Zeit ist, sich zu teilen.

Vermutlich haben die Bienen auf den Waben des nun verlassenen Bienenstocks bereits neue Königinnenzellen angelegt. Zwar versucht man durch die Entnahme von Waben das Schwärmen vorwegzunehmen, doch gelingt dies keinesfalls in jedem Fall. Schon einige Zeit vor dem gemeinschaftlichen Auszug aus ihrem alten Zuhause stellt die Bienenkönigin langsam das Eierlegen ein und wird von ihren Arbeiterinnen regelrecht über die Waben gescheucht. Auch stellen die sonst so fürsorglichen Ammenbienen langsam das Füttern der Königin ein. Durch die kleine Diät und die erhöhte sportliche Aktivität verliert sie letztlich etwa 25 Prozent ihres Körpergewichts und wird so wieder flugfähig, was sie normalerweise aufgrund ihres schweren Körpers nicht oder nur sehr eingeschränkt ist. Und dann, meist um die Mittagszeit, verlässt sie mitsamt einem Großteil ihrer Belegschaft schlagartig die alte Behausung. Plötzlich dringen gleichzeitig Tausende von Bienen aus dem Flugloch. Eine ganze Heerschar schwirrt nun durch die Luft, einzig zusammengehalten durch den Geruch der Königin, an welchem sich die Bienen bei diesem Massenausflug stets orientieren und an dem der Zusammenhalt des Bienenschwarms hängt.

Auch wenn man dieses einzigartige Schauspiel bereits öfter miterleben durfte, bleibt es jedes Mal aufs Neue ein wahnsinnig spektakulärer und aufregender Vorgang; hat man doch von den Tausenden um den Kopf schwirrenden Bienen in der Regel nichts zu befürchten, da die Bienen in diesem Zustand schlicht nicht viel zu verteidigen haben – keinen Honigvorrat, den es zu beschützen gilt, keine Jungbrut, die von ihren wehrhaften Ammen behütet werden muss, und auch kein Wabenbau, um den es zu kämpfen gilt. Ein äußerst seltener Zustand im Leben eines Bienenvolkes, der es einem ermöglicht, sich vollkommen ohne Schutzanzug inmitten dieser Wolke aus kreuz und quer umherfliegenden Bienen zu bewegen und so bei diesem einmaligen Naturspektakel im wahrsten Sinne des Wortes hautnah dabei zu sein.

Etwas Mut gehört schon dazu, sich ganz ohne Schutzanzug zwischen Tausende herumschwirrende Bienen zu stellen. Traut man es sich aber, ist es ein unbeschreiblich beeindruckendes Erlebnis.

Plötzlich sieht man nichts mehr außer Bienen. Als wäre man in eine völlig andere Welt eingetaucht. Die Ohren nehmen nichts anderes mehr wahr als das intensive und laute Summen Tausender Flügelpaare, die kreuz und quer an einem vorbeizischen, als wäre man eingeschlossen in einer Wolke aus Bienen – als wäre man durch die Bienen von der restlichen Umwelt abgeschottet worden. Unzählige Bienen, die auf einem landen, nur um sich kurz auszuruhen und nach wenigen Sekunden wieder losfliegen zu können, weiter dem Geruch ihrer Königin folgend. Es scheint, als wäre man für die Bienen gar nicht existent, als wäre man auch nur ein Strauch oder ein Baum, der zufällig in der Gegend herumsteht. Tausende Bienen, die nur so um einen herumsausen, sodass es für die Augen unmöglich ist, eine einzelne Biene für längere Zeit zu fokussieren. Fast wirkt es, als wäre man mit dieser Wolke aus Bienen verschmolzen, als wäre man ein Teil dieser sonderbaren Gemeinschaft. Ein Schauspiel der Natur, welches mitzuerleben immer wieder umwerfend ist. Existiert dieses Naturphänomen doch schon seit Millionen von Jahren. Eine Strategie der Fortpflanzung, die bereits mehrere Eiszeiten überstanden hat und es den Bienen immer wieder ermöglichte, in den sich anschließenden Warmzeiten die vom Eis wieder freigegebenen Gebiete zurückzuerobern. Lange bevor der erste Mensch seinen Fuß auf den europäischen Kontinent setzte, zogen bereits die ersten Bienenschwärme über Wiesen und Wälder des von uns noch unentdeckten Landes. So umkreisten Bienenschwärme vermutlich auch schon die zotteligen Köpfe der ersten Mammuts oder summten um die bis zu vier Meter breiten Geweihe der damals lebenden Riesenhirsche. Nun Teil dieses uralten Prozesses zu sein und direkt in einem Bienenschwarm zu stehen, sodass es einem beim Blick in den Himmel vor lauter kreuz und quer umherzischenden Bienen fast schwindlig wird, lässt eine Ehrfurcht vor den bereits seit Ewigkeiten ablaufenden Prozessen und Gesetzen der Natur aufkommen, wie man sie auch als Imker nicht jeden Tag erlebt.

Irgendwo in dieser laut summenden Wolke fliegt auch die Königin umher. Mit ihr steht und fällt der gesamte Umzug. Sollte sie bei dem Flugmanöver durch einen ungünstigen Zufall irgendwie verloren gehen, würden die Bienen des Schwarms zwar noch kurze Zeit wild suchend in der Umgebung umherfliegen, früher oder später jedoch wieder in ihre alte Behausung zurückkehren. Ausschließlich der Duft der Königin hält die Bienen zusammen. Nur sie kann Eier legen und so für neuen Arbeiterinnennachwuchs im zukünftigen Bienenstaat sorgen. Ohne die Königin ist der Schwarm nicht mehr existenzfähig. Da, wo sie ist, ist auch der Schwarm. Wo auch immer sie hinfliegt – die Abertausenden Bienen des Schwarms werden ihr folgen.

Ein eingeschleppter Feind

Immer mehr scheint sich die Wolke aus Zehntausenden Bienen nun an einem Ast an dem alten Apfelbaum direkt unterhalb der Hangwiese zu konzentrieren. Es sieht so aus, als würde sich der Schwarm an jener Stelle regelrecht verdichten, als würden alle Bienen gleichzeitig auf derselben Stelle landen wollen. Hat sich die Königin erst einmal irgendwo in der Nähe ihrer alten Behausung niedergelassen, folgen ihr alle Bienen und setzen sich ebenso an die jeweilige Stelle – magisch angezogen von den »Königinnenpheromonen« können sie gar nicht anders.

Vom Ast, an welchem sich der Bienenschwarm niedergelassen hat, ist inzwischen fast gar nichts mehr zu sehen. Immer größer wird die dort hängende Traube aus Bienen und lässt den dünnen Ast durch sein Gewicht bereits leicht durchhängen. Innerhalb weniger Minuten sammeln sich so gut wie alle Bienen dort, sodass es fast so aussieht, als hinge ein dunkler, langer Bart an dem Ast. Auch hier verhaken sich die Bienen mit ihren Hinterbeinen wieder geschickt ineinander und schaffen es damit, ohne zusätzliche Stützstruktur Zusammenhalt zu erzeugen. Die Bienentraube hängt nun fast einen halben Meter weit nach unten.

Viel Zeit bleibt nicht. Einmal dauert es nur wenige Stunden und ein anderes Mal bis zu zwei Tage. Doch irgendwann wird sich der Schwarm von seiner Position am Ast lösen und aufbrechen, um ein neues Zuhause zu beziehen. Wie auf ein geheimes Kommando hin fliegen dann alle Bienen gleichzeitig auf und ziehen mitsamt der Königin in Richtung der vorher ausgekundschafteten neuen Höhle. Dies kann eine Aushöhlung in einem morschen Baum, ein Zwischenraum im Mauerwerk eines alten Hauses oder auch mal ein alter Stromkasten sein.

Leider finden die Bienen in unserer Kulturlandschaft kaum noch ausreichend große Baumhöhlen, in die sie einziehen könnten. So müssen sie oft »alternative Wohnsituationen« in Kauf nehmen.

Letztes Jahr im Juni zog ein Schwarm in die hohle Betonsäule eines nicht mehr genutzten Strommastes oben an der kleinen Dorfstraße ein. Bedauerlicherweise zeigte sich im darauffolgenden Jahr keine Biene mehr an dieser Stelle. Vermutlich hat das dort eingezogene Volk den Winter nicht überlebt. So wie es die meisten sich wild ansiedelnden Schwärme schwer haben, ohne imkerliche Fürsorge längere Zeit zu überleben.

Vor allem ein Feind macht den so auf sich selbst gestellten Bienen heutzutage Probleme. Eine ursprünglich aus Südostasien stammende kleine Milbe, die erst in der zweiten Hälfte des vergangenen Jahrhunderts in Mitteleuropa eingeschleppt wurde und sich anschließend weltweit rasend schnell ausgebreitet hat. Die Rede ist von der Varroamilbe. Inzwischen gibt es bis auf Australien und die Antarktis keinen Kontinent mehr, auf dem die Bienen nicht von dem kleinen Parasiten geplagt werden. Die sich von der Lymphe (dem »Blut« der Bienen) ernährende kleine Milbe konnte sich durch den Import und Export von Bienenvölkern zwischen verschiedenen Ländern und Kontinenten ungehemmt fast über den gesamten Globus ausbreiten.

Bei den Arbeiten an den Bienenvölkern kann man bisweilen einen kleinen schwarzen Fleck an den Bienen sitzen oder zwischen den Zellen der Waben hin und her huschen sehen. Schaut man genauer hin, kann man die etwa 1,6 Millimeter breite Milbe mit ihrem charakteristisch oval geformten Rückenschild gut erkennen.

Saugt die Milbe an einer Biene, ist es vom Größenverhältnis in etwa so, als würde ein Parasit in der Größe eines Kaninchens an uns sitzen und unser Blut saugen. Dieser Vergleich macht sicherlich deutlich, wie belastend dies für die Bienen sein kann. Nicht nur, dass die Milbe die Bienen durch das Saugen ihrer Lymphe stark beeinträchtigt, auch kann sie so Krankheiten übertragen – hauptsächlich in Form von Viren, die sie während des Saugvorgangs auf die Bienen überträgt. Sieht man beispielsweise vermehrt Bienen mit deformierten, verkümmert aussehenden Flügeln im Stock umherlaufen, ist dies ein recht eindeutiges Indiz für das von den Varroamilben übertragene »Flügeldeformationsvirus«. Wie der Name bereits vermuten lässt, führt es zu einer Fehlentwicklung der Flügel und macht die Bienen damit flugunfähig.

Der Vermehrungszyklus der Milben findet in den verdeckelten Zellen der Jungbrut statt, wo sie bereits an der Lymphe der

Maden saugen und somit schon diese in der Entwicklung schädigen können.

Nur durch imkertechnische Eingriffe wie das regelmäßige Verdunsten bestimmter organischer Säuren im Spätsommer nach der letzten Honigernte kann man die Varroapopulation dezimieren. Tut man es nicht, sind die Völker meist dem Untergang geweiht und brechen früher oder später unter dem zu hohen Parasitendruck zusammen. Darin liegt auch begründet, warum wilde Bienenvölker ohne imkerliche Betreuung häufig nicht lange überlebensfähig sind. Oft schaffen sie es noch nicht einmal über den ersten Winter. In der Regel brechen sie spätestens im zweiten oder dritten Winter unter dem parasitären Druck zusammen und gehen ein.

Zwar hört man immer wieder vereinzelte Berichte, nach denen Imkereien vollkommen auf eine Behandlung gegen die Milbe verzichten, und tatsächlich gibt es auch Fortschritte bei dem Versuch, eine varroatolerante Biene zu züchten, jedoch scheint der endgültige Durchbruch bisher noch nicht gelungen. Im Gegensatz zu unseren westlichen Honigbienen sind die Bienen des südostasiatischen Ursprungsgebiets der Milbe durch jahrtausendelange Koevolution an den kleinen Parasiten angepasst. So haben sie verschiedene Verhaltensmechanismen entwickelt, um die Varroapopulation in Schach zu halten. Es wirkt, als könnten asiatische Honigbienen von Varroamilben befallene Zellen erkennen und sie anschließend ausräumen und reinigen, sodass sich die Milben in den Zellen gar nicht erst fortpflanzen können. Eventuell haben sie über die lange Zeit des gemeinsamen evolutionären Wettstreits gelernt, den kleinen Feind erschnuppern und dann entsprechend darauf reagieren zu können. Eine weitere, äußerst geschickte Strategie der asiatischen Bienen im Kampf gegen den kleinen Blutsauger ist, in den Zelldeckeln einzelner Brutzellen eine kleine Öffnung zu lassen, um dadurch Varroamilben hineinzulocken. Indem sie den Deckel anschließend mehrfach verschließen, bauen sie eine Art Falle, sodass die Milben nicht mehr aus ihrem Gefängnis aus Wachs entkommen können und darin sterben.

Außerdem zeigen die an die Milbe angepassten asiatischen Honigbienen ein wesentlich stärkeres Putzverhalten untereinander, wodurch sie in der Lage sind, sich gegenseitig die Milben vom Körper zu entfernen. Mitunter kann man hier bis zu vier Bienen gleichzeitig an einer Milbe ziehen und beißen sehen. Dabei zerren sie so lange an dem kleinen Parasiten, bis sie die Milbe vom Körper der befallenen Kollegin entfernt haben.

Da die westliche Honigbienenpopulation recht plötzlich von den Parasiten befallen wurde, hatte sie keinerlei Chance, sich durch geeignete evolutionäre Verhaltensänderungen an den gefährlichen Feind anzupassen. So konnte die Milbe ungehindert in die Völker einmarschieren und sich explosionsartig vermehren.

Doch wie gelang es dem Parasiten überhaupt, aus seiner Ursprungsregion in Asien zu entkommen und sich sogar über Ozeane hinweg zu verbreiten? Auch hier liegt die Antwort leider wieder im Wunsch begründet, mit den Bienen noch mehr Geld machen zu können. So hatte man Völker der westlichen Honigbiene nach Asien exportiert, in der Hoffnung, dass die ertragreichere westliche Zuchtbiene den ostasiatischen Imkereibetrieben noch mehr Honigertrag bringt. Als man schließlich Bienenvölker aus Asien in die westlichen Länder brachte, nahm man den blinden Passagier einfach mit. Welche verheerenden Auswirkungen dies wiederum auf die der Invasion schutzlos ausgelieferten westlichen Bienenvölker haben würde, hatte man damals nicht geahnt.

Die Frankensteinbiene

In den westlichen Ländern zeigt nur eine einzige Honigbienenunterart eine Art »Varroatoleranz« und kann auch ganz ohne imkerliche Eingriffe zur Dezimierung des kleinen Parasiten überleben. Lediglich die in Amerika lebende, allseits gefürchtete und durch ihre mediale Aufmerksamkeit bekannt gewordene sogenannte »Killerbiene« scheint in der Lage zu sein, sich selbstständig gegen den Feind wehren zu können. Es handelt sich dabei um eine besonders aggressive Unterart der Honigbiene, welche durch die Kreuzung europäischer Bienen mit afrikanischen Bienen eher »aus Versehen« entstanden ist. Leider steht ihre besonders stark ausgeprägte Aggressivität einer entspannten Umgangsweise mit ihr entgegen.

Nichtsdestotrotz versuchen einzelne Imkereibetriebe immer wieder, mit dieser besonders aggressiven Biene zu imkern. Massiv eingepackt in möglichst bienendichte Imkeranzüge versuchen sie, Herr über die stechfreudigen kleinen Summer zu werden. Und tatsächlich gibt es immer wieder Berichte, dass die Bienen völlig ohne imkerliche Maßnahmen zur Dezimierung der Varroapopulation überleben und dabei sogar einen guten Honigertrag liefern. Überdies scheint die Aufschrift »Killerbienenhonig« eine gewisse verkaufsfördernde Wirkung für den mit ihr produzierten Honig zu haben. Allerdings sind leider auch schon zahlreiche Menschen den gefährlichen Bienen zum Opfer gefallen.

Kommt man einem Killerbienennest zu nahe, kann es passieren, dass sich plötzlich sämtliche Bienen des Volkes auf einmal auf einen stürzen. Ab dem ersten Stich ist man mit einem bestimmten »Angriffspheromon« markiert, welches den anderen Bienen des Volkes den Weg zum vermeintlichen Feind weist. Dadurch wird das so gekennzeichnete Opfer dann auch noch weit entfernt vom eigentlichen Nest von den Bienen verfolgt und angegriffen. Haben sich die Killerbienen dann erst einmal auf ein Ziel »eingestochen«, ist ein Entkommen fast aussichtslos.

Ab etwa zweihundert Stichen wird es schließlich lebensgefährlich – je nach persönlicher Konstitution können es mal mehr, mal weniger sein. Tatsächlich ist die ursprünglich in Brasilien als Experiment gezüchtete aggressive Biene jährlich für etwa 200 tote Menschen auf dem amerikanischen Kontinent verantwortlich – von unzähligen totgestochenen Haus- und Wildtieren mal abgesehen. Als man während des Zuchtexperiments merkte, dass die so entstandene »Frankensteinbiene« schlichtweg viel zu gefährlich ist, versuchte man, die Völker mittels eines in die Fluglöcher eingelegten Drahtgitters vom Schwärmen abzuhalten. Doch es kam, wie es kommen musste. Ein nicht ausreichend informierter Mitarbeiter hielt die eingelegten Gitter für einen Fehler und entfernte diese von den Fluglöchern. So entschwanden 26 Schwärme in die wilden Weiten Brasiliens und traten schließlich ihren Siegeszug über Südamerika bis nach Nordamerika an. Nachdem die Bienen einmal entflohen waren, hatte man keine Chance mehr, diese wieder einzufangen.

Warum ausgerechnet diese besonders aggressiven Bienen immun gegen den Befall mit der Varroamilbe sind, ist derzeit nicht genau bekannt.

Wissenschaftlich gesehen könnte man sich auch hier die Frage stellen, ob es nicht doch einen Zusammenhang zwischen der Aggressivität eines Bienenvolkes und dessen Gesundheit beziehungsweise dessen Vitalität gibt. Schließlich sind Bienen von Natur aus eigentlich äußerst stechfreudig. Erst unsere Zucht hat sie »gezähmt«. Vielleicht sind die so »ruhiggezüchteten« Bienen ja auch etwas zurückhaltender, was ihr Abwehrverhalten gegen andere Feinde wie Mäusen, Wespen oder Hornissen angeht, oder zeigen ein geringeres Reinigungsverhalten und räumen erkrankte oder von einem Parasiten befallene Brut weniger häufig aus als ihre aggressiven Artgenossen. Tatsächlich gibt es wissenschaftliche Hinweise dafür, dass »temperamentvollere« Bienen gesünder und vitaler sind als ihre friedlichen Schwestervölker. Ein vierjähriges Experiment vom Forschungsinstitut für biologischen Landbau (FiBL) in der Schweiz, bei welchem Bienen ausschließlich nach ihrer Gesundheit, ihrer Vitalität und ihrer Widerstandsfähigkeit für die Weitervermehrung ausgewählt wurden (anstatt nach ihrer Zahmheit), zeigte, dass aggressivere Völker nach dem Überwintern eine tendenziell größere Volksstärke aufwiesen als die »sanftmütigeren« Völker. Die 2022 veröffentlichten Analysen von insgesamt 78 Bienenvölkern verschiedener Generationen lassen vermuten, dass das Zuchtziel »Sanftheit« auf Kosten von Gesundheit und Widerstandfähigkeit der Bienen gehen könnte. Natürlich kann man nachvollziehen, dass es mancherorts, wie beispielsweise in Städten, schwierig ist, stechfreudigere Bienen zu halten, und es sicher angenehmer ist, mit friedlicheren Bienen zu imkern, doch sollte zumindest immer auch ein Stück weit die ursprüngliche »Natur der Bienen« im Auge behalten werden.

Demokratie unter Bienen

Leider würde vermutlich auch der hier zunächst am Ast des alten Apfelbaums hängende Bienenschwarm nach Bezug einer Höhle in einem alten Baum oder einem alten Gemäuer ohne imkerlichen Beistand nach einer gewissen Zeit eingehen, da auch dieser Schwarm mit an Gewissheit grenzender Wahrscheinlichkeit ein paar der gefährlichen Varroamilben mit im Schlepptau hat.

Nun gilt es, möglichst wenig Zeit zu verlieren, um den Schwarm einzufangen, bevor er weiterzieht. Bedauerlicherweise weiß man vorab nie so genau, wie lange ein Schwarm an einem Ort hängen bleibt. Auch ist er in dieser Phase so ganz ohne schützendes Zuhause immer gewissen Gefahren ausgesetzt. Kommt zum Beispiel unvorhergesehen ein Unwetter auf, kann es sein, dass der dann durch den Regen am Abflug gehinderte Schwarm längere Zeit an dem ausgesuchten Ast oder Zweig hängen bleiben muss und der in den Mägen der Bienen bevorratete Honig mit der Zeit zur Neige geht. Je schneller die Bienen also ein neues Heim für sich finden, umso besser sind ihre Überlebenschancen.

Immer wieder fliegen sogenannte »Kundschafterbienen« von der Bienentraube in alle Himmelsrichtungen ab, um in der Umgebung nach einer Nistmöglichkeit für das Volk zu suchen. Dabei fliegen sie nicht selten auch mal zehn Kilometer weit. Hat so eine Kundschafterbiene erst einmal eine eventuell infrage kommende Höhle gefunden, laufen sie diese mehrmals kreuz und quer ab, um ein Gefühl für die Größe und die Beschaffenheit der inspizierten Behausung zu bekommen. Bienen sind hier durchaus wählerisch und geben sich keinesfalls mit jeder Höhle zufrieden. So nehmen sich die Kundschafterinnen im Durchschnitt etwa vierzig Minuten Zeit für die Inspektion einer Höhle und laufen gut und gern fünfzig Meter Strecke auf den Innenwänden der Behausung ab, um so ein »Gespür« für den Raum zu bekommen.

Hat eine Kundschafterbiene ein geeignetes Heim entdeckt und für adäquat befunden, fliegt sie zurück zur Schwarmtraube und informiert die dort verbliebenen Bienen mittels des Schwänzeltanzes über Richtung und Entfernung der Höhle. Je geeigneter ihr diese vorkommt, umso intensiver ist ihr anschlie-

ßend auf der Schwarmtraube vollführter Tanz. Bemerkt eine Kundschafterin, dass der Tanz einer anderen Biene wesentlich energischer ist als ihr eigener, lässt sie sich oft überzeugen und schaut sich deren Vorschlag zunächst einmal selbst an. Letztlich tanzen so immer mehr Bienen denselben Tanz und weisen am Ende fast gemeinschaftlich auf ein und dieselbe Höhle. Eine Art demokratischer Prozess, der das Auswahlverfahren quasi optimiert und so dafür sorgt, dass die Bienen alle gemeinsam in die am besten geeignete Höhle ziehen. Auch hinterlassen die Kundschafterinnen eine Duftspur in Form von Pheromonen am Eingang der neuen Behausung, um diese für andere Suchbienen des Schwarms zu markieren.

Ist der so gemeinschaftlich vollzogene Entscheidungsprozess beendet, fliegen alle Bienen samt der Königin gleichzeitig auf und ziehen zusammen als dichte Bienenwolke in Richtung des neuen Zuhauses. Schon des Öfteren ist so ein Schwarm über die Baumkronen des angrenzenden Waldes davongezogen. Haben die Bienen erst einmal ein geeignetes Quartier ausgemacht, sind sie kaum noch zu halten und ziehen relativ zügig in dessen Richtung ab. Plötzlich starten dann Zehntausende Bienen auf einmal und erheben sich erneut als laut summende Wolke in die Luft. Der Versuch, die Bienen hierbei zu verfolgen, ist meist zum Scheitern verurteilt, gerade wenn sie wie hier weit über dem dichten Walddach fliegen.

Kaum angekommen in der dann neu bezogenen Unterkunft beginnen die Bienen sogleich mit dem Bau neuer Waben. Ihr Bautrieb ist in dieser Zeit extrem stark ausgeprägt. Schon nach wenigen Tagen kann man hier bereits fertig ausgebaute Waben mit den ersten Eiern in den neu geformten, noch reinweißen Zellen finden. Sogar Sammelbienen, deren Wachsdrüsen sich bereits wieder zurückgebildet hatten, beginnen wieder Wachs zu produzieren, um so mithelfen zu können, den Neubau möglichst schnell fertigzustellen. Denn schließlich gilt es nun, bis zum Winter jede Menge neue Bienen heranzuziehen sowie einen ausreichenden Honigvorrat für die kalte Jahreszeit in die Waben einzulagern. Wer hier Zeit verliert, ist selbst schuld. Ebenso wie bei dem hier hängenden Schwarm wohl nicht allzu viel Zeit bleibt, diesen wieder einzufangen und in eine geeignete Behausung zu überführen. Ist er erst einmal weitergezogen, besteht meist keine Chance mehr hierzu und die Möglichkeit, mit diesem ein neues Volk für die eigene Imkerei gründen zu können, ist samt dem Schwarm davongeflogen.

Ein ungünstiger Unfall

Gelingt es jedoch, die Bienentraube in eine leere Bienenkiste umzusiedeln, bevor sie eine entfernt liegende Höhle für sich gefunden hat, stehen die Chancen gut, dass die Bienen die so angebotene Wohnmöglichkeit annehmen und beginnen, sich darin häuslich einzurichten.

Allerdings muss man hierfür erst einmal an die Bienentraube herankommen. Hängt der Schwarm äußerst ungünstig, wie beispielsweise an einem Stromleitungsmast, von dessen Besteigung aus gesundheitlichen Gründen absolut abzuraten ist, oder hat er sich schlichtweg viel zu weit oben in einem Baum niedergelassen, ist es oft aussichtslos, diesen wieder einzufangen. Kam es bei derlei Kletteraktionen doch schon oft genug zu schwerwiegenden Unfällen. Hier gilt eher, Vorsicht walten zu lassen. Lieber mal einen Bienenschwarm ziehen lassen und somit auf ein neues Volk verzichten, als bei solch einer Aktion Kopf und Kragen zu riskieren.

Oft hängt die Bienentraube so weit oben, dass man um die Verwendung einer Leiter meist nicht umhinkommt. Vor vielen Jahren, noch zu Beginn der Imkerei, geschah es, dass beim Einfangversuch eines weit oben hängenden Bienenschwarms eine Sprosse der alten Holzleiter den Geist aufgab. Gerade als der Schwarm durch ein heftiges Rütteln am Ast in den darunter gehaltenen Eimer gefallen war, gab besagte Sprosse nach und führte anstelle eines langsamen und vorsichtigen Abstiegs zu einem abrupten Sturz von der Leiter. Als wäre dies nicht schon fatal genug gewesen, befand sich gleichzeitig auch noch der Eimer mit Tausenden von Bienen in der Hand und fiel natürlich mit hinunter. Der Sturz von einer Leiter mitsamt einem gerade erst vom Ast abgeschlagenen Bienenschwarm stellte sich als recht ungünstige Kombination heraus. Von schlimmeren Verletzungen durch den Sturz verschont geblieben, kamen so jedoch Hunderte von Bienen unter den sturzbedingt durcheinandergeratenen Imkeranzug.

Über dreißig Stiche in den Bauch- und Brustbereich sowie ein ungewöhnlich rot leuchtendes Hautbild waren die Folge des unangenehmen Unfalls. Spätestens derlei Geschehnisse sollten zu mehr Vorsicht bei zukünftigen Schwarmfangversuchen mahnen. Heute wird eine zu hoch hängende Schwarmtraube auch schon mal hängen gelassen, bevor auf dem äußersten Zipfel einer wackelig aufgestellten Leiter zirkusreife Balanceübungen vollführt werden.

Schließlich wurde die alte, marode Holzleiter gegen eine neue, stabile Leiter ausgetauscht, deren Sprossen nicht so einfach unter dem Fuß nachgeben können. Die alte Holzleiter wurde kurz nach dem unglücklichen Unfall zersägt und anschließend Stück für Stück im Kaminofen verbrannt.

Die an dem Ast des alten Apfelbaums hängende Bienentraube hängt in diesem Fall glücklicherweise nicht allzu hoch. Bei einer Höhe von drei Metern sollte es kein Problem sein, an die Bienen heranzukommen.

Einbrecher oder Imker?

Oft lässt sich ein gerade erst aus seiner alten Behausung ausgezogener Bienenschwarm zunächst in der näheren Umgebung seiner verlassenen Bienenwohnung an einem Baum oder Strauch nieder. Hin und wieder kann es jedoch – zum Beispiel aus Ermangelung eines geeigneten in der Nähe stehenden Baumes – dazu kommen, dass ein Schwarm etwas weiter fliegt, bevor sich die Bienen an einer bestimmten Stelle sammeln und wieder eingefangen werden können. Sollte der Schwarm über die eigenen Grundstücksgrenzen hinausfliegen, ist es der bienenhaltenden Person laut dem Bürgerlichen Gesetzbuch nach § 962 gestattet, ohne Erlaubniserteilung fremde Grundstücke zum Zwecke des Wiedereinfangens des abtrünnigen Volkes zu betreten.

Sollte sich ein Bienenschwarm also beispielsweise mal am nachbarlichen Balkongeländer niedergesetzt haben, ist es gestattet, das Grundstück zu betreten und mittels einer mitgebrachten Leiter auf den fremden Balkon zu klettern, ohne befürchten zu müssen, im Anschluss beim Abstieg von der Leiter unten von der Polizei in Gewahrsam genommen zu werden. Um unangenehme und überraschende Situationen zu vermeiden, sollte man selbstredend auch in solch einem Fall lieber vorhergehende Rücksprache mit den jeweiligen Eigentümern des Grundstücks halten. Sind die nachbarschaftlichen Beziehungen doch in der Regel mehr wert als ein abgewanderter Bienenschwarm. Meist sind jedoch auch die Nachbarn froh, wenn das eigentümliche Gebilde aus Tausenden von Bienen wieder vom Grundstück entfernt und mitgenommen wird.

Aus Gründen der eigenen Sicherheit sollte jedoch vor dem Erklettern des Zaunes eines Betriebsgeländes oder gar dem Einmarsch in ein militärisches Übungsgelände fast schon zwingend eine vorhergehende Absprache mit den Eigentümern stattfinden.

Ein neues Zuhause

Zunächst einmal benötigt man einen leer stehenden Bienenkasten, in welchen der Bienenschwarm nach dem Einschlagen in den Eimer vorsichtig geschüttet werden kann. Der Kasten wird an einem schattigen Plätzchen direkt unter dem alten Apfelbaum auf die Wiese gestellt.

Das Holz der Zarge, die vormals bereits anderen Bienen als Behausung gedient hatte, ist schon leicht rissig und hat außen eine Art natürliche Patina gebildet. Von innen ist sie von den vorher darin wohnenden Bienen großzügig mit Propolis »tapeziert« worden, sodass die innere Holzoberfläche gut desinfiziert und dicht abgeschlossen ist. Die Erfahrung hat gezeigt, dass ein alter, schon einmal von Bienen besiedelter Kasten von einem neuen Volk eher angenommen und als neue Wohnung akzeptiert wird als eine frisch gebaute Bienenkiste.

Passt den wählerischen Damen die Behausung nicht, kann es durchaus vorkommen, dass der eingefangene Schwarm wieder auszieht und sich erneut auf die Suche nach einer anderen Wohnstube macht. Auch sollte man den zum Einfangen benötigten Bienenkasten nicht direkt in die Sonne stellen. Durch die intensive Sonneneinstrahlung könnte es in der Holzkiste zu warm werden. Auch dies kann zum Wiederauszug des Volkes führen. Nach der »Überführung« der Schwarmbienen in die neue Kiste lässt man diese zunächst noch einige Zeit in der Nähe des Einfangstandorts stehen, damit die restlichen nicht mit eingefangenen und suchend umherfliegenden Bienen auch noch den Weg in die neue Behausung finden.

Nun, nachdem alles für den Wiedereinfang des Schwarms vorbereitet ist, kann es losgehen. Das Ersteigen weniger Sprossen auf der vorab unter dem Schwarm aufgestellten Leiter reicht aus, um direkt an die Bienentraube zu gelangen. Auch jetzt noch interessieren sich die Bienen kaum für einen, sodass man ganz nah an das faszinierende Gebilde aus Tausenden mit den Beinen ineinander verhakten Bienen gelangen kann. Immer wieder lösen sich einzelne Bienen von der Bienentraube und fliegen davon – vermutlich, um sich direkt auf die Suche nach einer geeigneten Höhle zu machen. In diesem Zustand sind die Bienen so friedlich, dass man mit der bloßen Hand ganz vorsichtig über die Bienentraube streichen kann, ohne dass die Bienen sich groß für die sanfte Berührung zu interessieren scheinen. Unter anderen Umständen würden die Bienen solch einen Versuch der direkten Kontaktaufnahme eher nicht dulden und zum Angriff übergehen.

Zunächst werden die Bienen mittels eines Wasserzerstäubers von allen Seiten vorsichtig mit etwas Wasser besprüht. Dies hat zum einen zur Folge, dass die Bienen beim Abschütteln vom Ast in den unter die Traube gehaltenen Eimer nicht allzu sehr auffliegen, und zum anderen, dass sich der Bienenschwarm etwas abkühlt und beruhigt.

In diesem Fall sind die Bienen fast schon ideal positioniert. Die Bienentraube hängt schön und kompakt vom Ast herunter, sodass man den Eimer von unten her schon fast um den gesamten Schwarm stülpen kann. Nun noch ein kräftiger Schlag an den von den Bienen behangenen Ast und schon fällt so gut wie die gesamte Traube hinunter in den Eimer. Ein Bienenschwarm ist samt dem in den unzähligen kleinen Honigmägen der Bienen als Reiseproviant mitgenommenen Honig nicht schwerer als ein bis zwei Kilogramm. Bevor die Bienen sich berappeln und wieder auffliegen, heißt es jetzt, schnell hinunter zu der bereits offen hingestellten Bienenkiste zu kommen. Allerdings möglichst ohne dabei wieder mitsamt den Bienen von der Leiter zu fallen.

Nach dem erfolgreichen Abstieg wird der gesamte Schwarm behutsam aus dem Eimer in die neue Behausung geschüttet. Wie eine zähe Flüssigkeit gleitet er in die offene Kiste und verteilt sich zunächst gleichmäßig auf dem Boden, als würde sich ein Eimer Wasser in Zeitlupe in den Kasten ergießen. Es dauert nur wenige Sekunden, bis die Bienen beginnen, die Wände der neuen Behausung von unten nach oben einzunehmen. Ein sich bewegender Teppich aus Bienen, der schon bald die gesamte innere Oberfläche des Bienenkastens eingenommen haben wird, sodass vom Holz recht schnell nichts mehr zu sehen ist. Durch einen natürlichen Instinkt gesteuert, treibt es einen Bienenschwarm immer in den oberen Bereich einer Höhle. Was vollkommen nachvollziehbar ist, da die Waben in der Regel auch von oben herabhängend von den Bienen gebaut werden.

Rasch wird die Kiste jetzt mit dem vorab bereitgelegten Holzdeckel wieder verschlossen. Nun heißt es abwarten und hoffen, dass auch die Königin mit in der Kiste gelandet ist und diese die Prozedur unbeschadet überstanden hat. Ansonsten wäre die gesamte Aktion umsonst gewesen.

Doch scheint alles geklappt zu haben. Am Einflugloch kann man schon die ersten Bienen mit hochgestrecktem Hinterleib und heftig schlagenden Flügeln beobachten – die Bienen »sterzeln«. Dies ist ein gutes Zeichen und bedeutet, dass die Königin wahrscheinlich auch im Kasten ist. An ihrem Hinterleib setzen sie dabei ein Pheromon frei, welches den anderen Bienen sagt: »Hier entlang! Hier sind wir! Und hier ist auch unsere Königin!«. Mittels des schnellen Auf- und Abschlagens der Flügel bringen sie einen Luftstrom in Gang, der diese Duftspur in der gesamten Umgebung verteilt, um so möglichst alle noch herumfliegenden Bienen mit ihrer Geruchsbotschaft erreichen zu können. Immer wieder umschwirren vereinzelte Bienen die Kiste, um letztlich, geleitet durch den Duft der sterzelnden Bienen, zielsicher in das kleine Einflugloch an der Stirnseite der Holzkiste zu fliegen.

Bisweilen kann es auch vorkommen, dass der Schwarm anstatt an einem Ast direkt in der Wiese landet. Sicherlich wäre auch den Bienen in solch einem Fall eine etwas höher gelegene Zwischenlandung lieber gewesen, doch läuft auch im Leben der Bienen nicht immer alles glatt. Da man den Schwarm von dort jedoch nur schwer einsammeln kann, gibt es einen einfachen, aber effektiven Trick, um die Bienen trotzdem in die neue Bienenkiste zu bekommen. Hierzu stellt man die für den Einzug vorbereitete Kiste einfach direkt neben den am Boden liegenden Schwarm und legt ein breites, vom Einflugloch bis in die Wiese reichendes Brett direkt bis an den Schwarm heran. Schon nach kurzer Zeit beginnt sich der Schwarm von unten über das Brett in Richtung des Fluglochs zu bewegen, wobei die hinter dem Eingang liegende, Schutz versprechende Dunkelheit einen besonderen Reiz auf die Schwarmbienen ausübt. Wie bei einer »Herdenwanderung« machen sich so immer mehr Bienen auf den Weg zu der nahe gelegenen Höhle. Wie eine einheitlich-plastische Masse nehmen sie dabei das Brett immer mehr ein, sodass von diesem schon bald so gut wie nichts mehr zu sehen ist. Der sich langsam, aber gleichmäßig bewegende Strom aus Tausenden von Bienen scheint förmlich in die neue Behausung zu »fließen«. Mit etwas Glück kann man dabei sogar die Königin auf ihrem Marsch zum neuen Domizil auf dem Brett entlangwandern sehen.

Fürs Erste wird es wohl das Beste sein, dem nun eingefangenen Schwarm ein wenig Ruhe zu gönnen. Morgen, wenn auch die letzte nach ihrem Volk und der Königin suchend umherfliegende Biene den Eingang in das neue Zuhause gefunden hat, wird der Schwarm noch an seinen endgültigen Platz oben am Bienenstand gesetzt werden und somit zu einem neuen Teil der kleinen am Hang gelegenen »Bienendorfgemeinschaft«.

Nun sollen sich die Bienen nach der anstrengenden Aktion jedoch erst einmal sammeln und in ihrem neuen Zuhause »einwohnen«. Sicherlich kamen der plötzliche Sprühregen von allen Seiten und der heftige Stoß am Ast auch für die Bienen überraschend.

Abkühlung

Unter Einhaltung des üblichen Sicherheitsabstandes hatte es sich der Hund während der gesamten Prozedur erneut im Schatten der alten Linde gemütlich gemacht. Sichtlich erleichtert, dass das seltsame Treiben rund um den Apfelbaum vorbei zu sein scheint, kommt er nun schwanzwedelnd entgegengeeilt. Heftiges Hecheln lässt vermuten, dass auch ihm trotz Schatten inzwischen recht warm geworden ist in seinem dicken Fell.

Auch in dem Imkeranzug, der zum Einfangen des Bienenschwarms vorsichtshalber doch lieber angezogen wurde, ist es inzwischen wieder unangenehm warm geworden, sodass es ein wahrer Segen ist, ihn kurz ablegen zu können.

Als könnte der Hund Gedanken lesen, leuchten seine großen braunen Augen beim Gang über den Wiesenhang, an dessen oberem Ende der kleine, künstlich angestaute Bergteich liegt, immer mehr auf. Oft genug ging es bei warmem Wetter zur kurzen Abkühlung an das kleine Biotop, als dass er nicht schon ahnen würde, was nun bevorsteht. Sich jetzt offensichtlich des Zieles vollkommen sicher, rennt er über die Wiese voraus. Fast schon fliegend jagt er den kleinen Hang hinauf, nur um oben angekommen mit lautstarkem Bellen zu einem zügigen Nachkommen aufzufordern. Ein überschwänglicher Satz auf den kleinen am Teich gelegenen Steg lässt ihn am Ende des selbigen fast schon versehentlich ins Wasser rutschen.

Beinahe platzend vor Vorfreude wartet der Hund jetzt nur noch auf das ins kühle Nass geworfene Stöckchen. Kaum dass dieses die Hand verlässt und Richtung Teichmitte fliegt, springt er auch schon mit einem riesigen Satz platschend hinterher. Eine größere Freude kann man ihm bei diesem Wetter kaum machen. Für einen etwas ruhigeren Einstieg in das erfrischende Wasser steht die kleine Leiter am Ende des Holzstegs zur Verfügung. Das kurze Bad in dem kühlen, von einem Quellbach gespeisten Bergteich wirkt bei dieser Hitze fast schon erlösend.

Auch die Bienen profitieren vom kühlenden Effekt des kalten Quellwassers im Teich. So kann man an heißen Tagen oft Hunderte von Bienen auf den großen Blättern der Teichrosen beobachten, welche damit beschäftigt sind, ihre Honigmägen mit Wasser zu füllen. Ohne Unterlass saugen sie mit ihren Saugrüsseln das feuchte Gut in ihre kleinen Körper. Fast könnte man denken, dass sie furchtbaren Durst haben müssen, den es nun zu stillen gilt, doch nehmen sie das Wasser nicht nur für sich auf. Sobald ihre Honigmägen mit dem kühlen Nass gefüllt sind, fliegen sie schnurstracks zurück zu ihrem Volk, um die lebenswichtige Flüssigkeit schnellstmöglich abzuliefern. Wird dieses doch bei warmer Witterung dringend zur Kühlung und Fütterung der Brut im Bienenstock benötigt.

Bienenvölker versuchen, die mittlere Tagestemperatur im Brutnest bei etwa 35 °C konstant zu halten. Und dies ist wichtig, denn nur bei dieser Temperatur können sich die Larven ideal entwickeln. Je besser es den Bienen gelingt, die Temperatur bei diesem Idealwert zu halten, umso besser entwickelt sich die Jungbrut in den Zellen. So konnte tatsächlich nachgewiesen werden, dass schon kleine Abweichungen von dieser Optimaltemperatur im Stock Einfluss auf das Lern- und Kommunikationsverhalten der sich aus den Larven entwickelnden Bienen haben. Um möglichst »intelligenten« Nachwuchs heranzuziehen, sind die Bienen also bemüht, die Temperatur auf dem dafür optimalen Wert zu halten. An kühlen Tagen nutzen sie hierfür ihre eigenen Körper als Heizung, indem sie die Flügel von der Flugmuskulatur entkoppeln und somit durch intensive Vibration der Flugmuskulatur Körperwärme erzeugen. Die Flugmuskulatur kann sich dabei auf bis zu 46 °C erwärmen. Diese sogenannten »Heizerbienen« stellen dann quasi kleine lebendige Heizstäbe dar, welche für eine optimale Temperatur im Brutnest sorgen.

Bienen setzen die Fähigkeit, ihre eigenen Körper auf solch hohe Temperaturen bringen zu können, allerdings auch als Waffe ein. Die in Japan heimischen und bis zu etwa vier Zentimeter langen »Riesenhornissen« haben sich auf die Jagd anderer Insekten spezialisiert, wobei sie teils koordinierte Massenangriffe auf die dortigen Bienenvölker ausführen. Mit ihren Stacheln können die Honigbienen gegen die Riesenhornissen und ihren starken Chitinpanzer nicht viel ausrichten. Also mussten sie eine andere Strategie entwickeln. Kommt eine der riesigen Hornissen angeflogen, lassen sie den Feind zunächst völlig ungehindert in den Bau eindringen. Sobald die Hornisse im Stock ist, stürzt sich plötzlich wie auf ein geheimes Kommando hin eine ganze Heerschar von Bienen auf den Eindringling. Durch das Vibrieren der Flugmuskulatur erzeugen die Bienen anschließend so viel Wärme, dass die Temperatur im Inneren dieses »Bienenballs« auf etwa 46 °C steigt. Im Gegensatz zur sich in diesem »Backofen« aus Bienenkörpern befindlichen Hornisse halten die Bienen Temperaturen von bis zu 46 °C durchaus aus. Die Hornisse hingegen erleidet eine Art Hitzeschock, wobei japanische Forscher herausgefunden haben, dass nicht nur die Hitze verantwortlich für den Tod der Hornisse ist. Gleichzeitig steigt mit dem Temperaturanstieg auch die Konzentration von Kohlendioxid innerhalb des Bienenballs. So scheinen beide Faktoren zusammen letztlich für das Sterben der in dieser »Todeskugel« aus etwa hundert Bienen gefangenen Riesenhornisse verantwortlich zu sein.

Bienen sind allerdings nicht nur in der Lage, Wärme zu erzeugen, sie kühlen auch. Ist es an heißen Sommertagen zu warm im Volk, ist es notwendig, Waben und Brut Abkühlung zu verschaffen. Dies gelingt den Bienen, indem sie die Waben mit Wasser befeuchten und anschließend das verdunstete Wasser durch schnelle Flügelbewegungen hinausventilieren. Durch die so entstehende Kühle kann die Temperatur im Volk effektiv gesenkt und die Optimaltemperatur wiederhergestellt werden. So sind die Bienen in der Lage, für eine optimale Temperaturregulierung innerhalb ihres Stocks zu sorgen.

Betrachtet man das Volk als eine Einheit, weist es somit ähnliche Eigenschaften wie der Körper eines gleichwarmen Säugetiers auf und ist ähnlich wie dieser in der Lage, auf sich ändernde Umweltbedingungen zu reagieren und diese auszugleichen.

Nach mehreren Runden in dem kühlen, von Schilf umsäumten Teich scheint der Hund sich wieder beruhigt zu haben. Sichtlich zufrieden liegt er nun ausgestreckt auf dem kleinen Steg. Die von der Sonne aufgeheizten Eichenbretter spenden nach der Abkühlung eine angenehme Wärme.

Dicke Tropfen, die vom nassen Fell des Hundes abperlen, rinnen durch die Holzspalten des Stegs und platschen lautstark auf die Wasseroberfläche darunter. Nur vereinzelt sind am Himmel kleine Schäfchenwolken zu sehen. Wie Zuckerwatte kleben sie fast stillstehend auf dem blauen Hintergrund.

Die von der Störung kurz verschreckten Bienen haben sich nun wieder zum Wassersammeln auf den großen Blättern der Teichrose eingefunden, um ihre Mägen weiter mit dem zur Kühlung des Volkes benötigten Wasser zu füllen. Teils dicht gedrängt sitzen sie am Rand der auf der Wasseroberfläche schwimmenden Blätter und saugen mit ihren Rüsseln wie durch einen Strohhalm möglichst schnell möglichst viel Wasser auf. Die Idee, ebenfalls mal eine kurze Pause einzulegen, um das schöne Wetter zu genießen, liegt ihnen vollkommen fern. So herrscht ein stetes Kommen und Gehen am Rand des kleinen Teiches.

Beim Fang eines auf der Wasseroberfläche bruchgelandeten Insekts springt eine Forelle fast schon übereifrig aus dem Wasser, überschlägt sich dabei beinahe und landet seitlich aufplatschend wieder auf der Oberfläche ihres eigentlichen Habitats. Dem Hund ist dies, einen flüchtigen Blick hinwerfend, lediglich ein kurzes Anheben des nassen Kopfes wert.

Beruhigend plätschert der kleine Quellbach in den Teich. Wäre nicht noch so viel zu tun, ließe sich gut und gern der restliche Nachmittag hier dösend verbringen. Beinahe bereiten einem die so eifrig hin und her fliegenden Bienen ein schlechtes Gewissen. Doch wer weiß, ob sich die ein oder andere Biene nicht auch mal fünf Minuten irgendwo in einer Blüte versteckt, um ein kurzes Mittagsschläfchen zu halten.

Ein alter Bekannter

Nach einem kurzen Mittagessen geht es schließlich wieder frisch ans Werk, müssen doch noch zahlreiche Bienenvölker kontrolliert und erweitert werden.

Um einen Hitzeschock beim Arbeiten im Imkeranzug zu verhindern, wird der dicke Stoff des Anzugs vorab leicht mit dem Gartenschlauch befeuchtet, sodass die dadurch entstehende Verdunstungskühle für angenehmere Temperaturen im Anzuginneren sorgt. Eingekleidet mit der nun feucht-kühlen Schutzkleidung geht es zurück zu den Bienen.

Oben am Bienenstand angekommen fällt zunächst das auf dem Deckel eines Bienenkastens sitzende Rotkehlchen ins Auge. Mit seiner orangerot gefärbten Brust ist der kleine Vogel schon von Weitem gut zu erkennen. Vielleicht ist es derselbe Vogel wie im letzten Jahr, welcher sich während der Arbeit an den Bienenvölkern immer wieder das Geschehen beobachtend in der Nähe niederließ. Oft kam er dann ganz dicht herangeflogen, schnappte sich ein unter dem gerade abgehobenen Deckel einer Bienenkiste verstecktes Insekt oder eine bei den Arbeiten an den Bienenwaben herausgefallene dicke Made und flog auf einen etwas weiter entfernt stehenden Bienenkasten zurück, um die erhaschte

Beute in Ruhe verspeisen zu können. Fast jedes Mal beobachtete der treue Begleiter so die Arbeiten am Bienenstand im letzten Jahr. Oft kam er dabei so nah herangeflogen, dass man hätte meinen können, es müsste sich hierbei um einen zahmen, von Menschenhand aufgezogenen Vogel handeln.

Als wäre dem kleinen Federfreund die lukrative Futterquelle nun nach den langen Wintermonaten wieder eingefallen, sitzt er jetzt bereits erwartungsvoll beobachtend am Bienenstand. Nicht nur, dass Rotkehlchen mit ihrem auffällig leuchtenden Brustkleid zu den wohl hübschesten Vögeln in unseren Gärten zählen, auch sind sie bekannt dafür, besonders vertrauensvoll zu sein. Immer wieder hört man Berichte, dass Rotkehlchen sich Menschen bei der Gartenarbeit bis auf wenige Meter nähern, um so den durch die menschliche Tätigkeit aufgewühlten Insekten und Würmern nachzustellen. Mit einer gewissen Freude über die Wiederbegegnung mit dem kleinen Begleiter geht es jetzt wieder an die Arbeit.

Ein ungebetener Gast

Leider beginnt die weitere Durchsicht an dem Bienenkasten mit dem vermutlich über den Winter eingegangenen Bienenvolk. Auch jetzt noch ist keinerlei Flugverkehr am Einflugloch der Bienenbehausung zu beobachten, obwohl es bei allen anderen Völkern durch die vielen ein- und ausfliegenden Bienen fast schon zu Staus an den Eingängen kommt.

Traurigerweise bestätigt sich die bereits getroffene Vermutung beim Öffnen des Kastens. Leere Waben, keinerlei aufgeregtes Summen und auch keine zur Abwehr bereite Arbeiterin, die unter dem Deckel mit ihrem nach oben gerichteten Stachel bereits kampfbereit wartet. Beim Ziehen der Wabenrahmen ist bereits zu sehen, dass vereinzelt Löcher in den Wabenbau genagt wurden. Auch sind hier und da kleine, dunkelbraune Mäuseköttel zu finden. Und tatsächlich. In einer der unteren Ecken, direkt hinter dem Eingang der Bienenbehausung gelegen, hat sich ein Mäuschen anscheinend ein Nest gebaut. Der kugelige Ballen aus getrockneten Grashalmen und Laub ist ein eindeutiges Indiz dafür, dass es sich der Eindringling hier den Winter über gemütlich gemacht hat. Entweder war das Volk ohnehin schon nicht allzu stark und verteidigungsbereit oder der ungebetene Besuch hat es so sehr gestresst, dass es letztlich daran eingegangen ist. Vielleicht war es aber auch eine Kombination aus beiden Faktoren. Genau kann man dies nicht sagen. Jedenfalls sind am Boden des Bienenkastens neben abgenagten Wachsresten und vielen kleinen Mäusehinterlassenschaften leider auch jede Menge tote Bienen zu finden. Teilweise scheinen auch diese von der Maus angenagt worden zu sein. So eine tote Biene ist für eine Maus natürlich ein besonderer Leckerbissen. Dem kleinen Unruhestifter scheint es hier den Winter über ganz gut gegangen zu sein. Inzwischen ist der Nager wohl aber wieder ausgezogen. In den Waben befindet sich nahezu kein Honigvorrat mehr. Auch sind die meisten der Waben zerstört und nicht mehr verwendbar.

Nun bleibt leider nichts anderes mehr übrig, als den Kasten leerzuräumen und zu reinigen.

Dass ein Bienenvolk den Winter nicht übersteht, ist tatsächlich normal und käme so auch in der Natur vor. Wird der verlassene und dann übrig gebliebene Wachsbau sich selbst überlassen, wird er über die Zeit von Wachsmotten, Ameisen und anderen kleineren Insektenarten verwertet. In Gegenden, wo es noch wild lebende Honigbienen gibt, zieht auch gern mal ein neuer Schwarm in eine ehemals von Bienen benutzte Höhle ein.

Leider ist das Angebot an natürlichen Nistmöglichkeiten für Bienen in unserer Kulturlandschaft jedoch stark reduziert worden. So finden sich heute nur noch in wenigen Gebieten ausreichend große Baumhöhlen in den Wäldern unserer Kulturlandschaft. Alte, knorrige Bäume sind heute leider nur noch sehr selten zu finden. Wo früher artenreicher, bunter Mischwald mit uralten Eichen und Buchen sowie ein mit verschiedenen Kräutern und Sträuchern durchsetzter Unterwald vorherrschte, findet man heute fast ausschließlich monotonen, aufgeräumten Nadelwald ohne Altbaumbestand. Urwälder mit teils jahrhundertealten Bäumen sind leider äußerst rar geworden. Ein Verlust, der nicht nur die ökologische Vielfalt einschränkt, sondern auch uns Menschen eines großen Teils des möglichen Naturerlebnisses beraubt.

Flucht in die Stadt

Nicht nur Honigbienen fehlt mittlerweile ihr ursprünglicher Lebensraum. Das Artensterben hat inzwischen die Mehrzahl aller Arten getroffen. Auch Ornithologen warnen schon seit Langem vor dem massiven Schwund in den Reihen unserer heimischen Vögel. Denn auch sie leiden unter dem dramatischen Umbau unserer Umwelt.

Genau wie die Vogelwelt nun teils auf künstlich geschaffene Nistmöglichkeiten angewiesen ist, benötigen auch die Bienen menschliche Unterstützung. Vermutlich würde es ohne den Beistand vonseiten der Imkerschaft kaum noch Honigbienenvölker in unserer Kulturlandschaft geben. Doch auch hier wird es immer schwerer, ausreichend gute Standorte für die Bienen zu finden. Im ländlichen Bereich herrschen riesige Monokulturgebiete vor, auf deren Fläche immer mehr Mais als Futtermittel angebaut wird. Die auf Windbestäubung setzende Pflanzenart bietet nektarsammelnden Insekten jedoch leider kaum Nahrung. Riesige Rapsfelder liefern zwar ein kurzzeitiges Überangebot an Nektar, stellen aber nach der Blüte auch nur noch trostlose Weiten für Bienen, Schmetterlinge und andere auf Nektar angewiesene Insekten dar.

So ist es nicht verwunderlich, dass man in Städten oft besser Bienen halten kann als auf dem Land. In städtischen Parks, Kleingärten, Alleen und letztlich auch auf den zahlreichen bunten Stadtbalkonen finden Bienen und andere Insekten noch ein vielfältiges Angebot an verschiedenen nektarspendenden Blumen, Sträuchern und Bäumen. Auch ist das Nektarangebot nicht nur auf eine kurze Zeit im Jahr begrenzt, sondern liefert durch die vielen zu unterschiedlichen Zeitpunkten blühenden Pflanzenarten vom Frühjahr bis zum Spätsommer ein reichhaltiges Sortiment an Nektar und Pollen.

Einer Studie der Freien Universität Berlin zufolge liegen die durchschnittlichen Honigerträge in Großstädten wie Berlin oder Hamburg über dem deutschen Durchschnitt von etwa dreißig Kilogramm pro Volk im Jahr. Somit lagen die Honigerträge auf dem Land oft deutlich unter denen, die in Städten erzielt wurden. Ein Ergebnis, welches zu denken geben sollte. Ist der geringere Ertrag der »Landbienen« doch vermutlich auf die inzwischen vorhandene Blütenarmut auf dem Land zurückzuführen.

Ein weiterer wesentlicher Faktor, welcher für das Imkern in der Stadt spricht, ist natürlich der hier nicht vorhandene Pestizideinsatz, unter dem die Bienen auf dem Land oft massiv leiden. Einer der traurigsten Fälle, in denen »Insektenschutzmittel« zu einem dramatischen Massensterben geführt hatten, ereignete sich 2008 in der Oberrheinebene. Innerhalb weniger Wochen starben mehrere Tausend Bienenvölker. Zahlreiche Imker schlugen Alarm. Viele von ihnen hatten alle Völker verloren. Nach einigem Hin und Her stand fest, dass ein falsch verwendetes und unsachgemäß ausgebrachtes Pestizid namens Chlothianidin an dem dramatischen Sterben der Bienenvölker schuld war. Ein Mittel, welches zu den sogenannten Neonikotinoiden gehört. Eine Stoffgruppe, die auf Bienen wie Alkohol wirkt. Schnell verlieren sie die Orientierung, sehen und riechen nicht mehr richtig und finden so unter anderem nicht mehr zum Stock zurück. Inzwischen wurde deren Anwendung eingeschränkt. Zu befürchten steht jedoch, dass andere vermeintlich ungefährliche Chemikalien an deren Stelle treten.

Wissenschaftler haben herausgefunden, dass Blühpflanzen in Städten teils besser bestäubt werden als auf dem Land. Zwar gab es auf dem Land insgesamt mehr Fluginsektenarten, jedoch fanden sie in Städten mehr Wildbienenarten, zu denen auch die Hummeln gehören, welche letztlich für die Bestäubung der von den Forschern ausgewählten Blütenpflanzen maßgeblich waren.

Für die Studie beobachteten und zählten die Forscher alle Insektenbesuche an bestimmten Rotkleepflanzen, welche als »Referenzpflanzen« hierfür in Töpfen an unterschiedlichen Standorten aufgestellt wurden. Darüber hinaus wurde die an den Untersuchungsorten vorkommende Artenvielfalt mit Insektenfallen bemessen.

Es zeigte sich, dass die Blüten in Städten wesentlich häufiger von Wildbienen besucht und somit auch besser bestäubt wurden als auf dem Land. Dass die Wildbienen sich in Städten so wohlfühlen, liegt sicherlich auch an den dort vorhandenen Nistmöglichkeiten wie Lücken in alten Mauerwerken oder den sandigen Böden auf bisher nicht bebauten Brachflächen. Aber auch die immer zahlreicher auf den vielen Balkonen aufgehängten oder in den Vorgärten der Häuser aufgestellten Insektenhotels bieten Nistmöglichkeiten für die kleinen Bestäuber. Ein abwechslungsreicher und strukturell vielfältiger Lebensraum, wie er auf dem Land nur noch selten zu finden ist.

Auch das in Städten reichhaltigere Blütenangebot lockt die für die Bestäubung so wichtigen Insekten immer mehr in unsere Ballungszentren, während struktur- und abwechslungsreiche Landschaften auf dem Land zunehmend riesigen, tristen Monokulturflächen weichen.

Macht man sich bewusst, dass etwa neunzig Prozent unserer Blütenpflanzen auf die Bestäubungsleistung der eifrigen Flieger angewiesen sind, ist dies eine überaus dramatische Entwicklung. Eine Entwicklung, die durch das Verschwinden der Insekten auf dem Land und die daraus folgende Bedrohung der verschiedenen Pflanzenarten durch die ausbleibende Bestäubung noch weiter vorangetrieben wird.

Unter Linden

Die Stärke und Vitalität des nächsten zur Durchsicht anstehenden Volkes mildern die Trauer über das gestorbene Volk etwas ab. Brutwaben mit lückenlos gefüllten und bereits verdeckelten Brutzellen lassen das Imkerherz wieder ein wenig höherschlagen. Wenn das Wetter mitspielt, können von diesem Volk über den Sommer sicher etwa zwanzig bis vierzig Kilogramm Honig geerntet werden.

Die zahlreichen Linden in der Umgebung des Bienenstandes liefern hierbei oft den Hauptanteil des von den Bienen gesammelten Honigs. Genau zum Zeitpunkt der höchsten Volksstärke zeigen sich die großen Lindenbäume in ihrer vollen Blütenpracht. Die nektarreichen Bäume sind dann übersät mit kleinen grün-gelblichen Blüten, sodass es eine wahre Freude ist, unter ihnen spazieren zu gehen und die Bienen bei ihrem Flug von Blüte zu Blüte zu beobachten. Doch nicht nur den Honigbienen dienen sie als überaus ergiebige Futterquelle. Auch zahlreiche andere nektarsammelnde Insekten laben sich an dem so reich gedeckten Tisch.

Sind die Honigwaben schließlich vollgefüllt mit frischem Lindenblütenhonig, ist es sicherlich eine der schönsten Arbeiten, diesen mit der Honigschleuder aus den Waben zu holen. Durch die schnelle Drehung der Waben steigt ein warmer, süßer Luftwirbel aus der Zentrifuge nach oben. Der unverwechselbar würzig-aromatische Geruch des Lindenblütenhonigs verteilt sich dabei im gesamten Raum und macht die Arbeit des Honigschleuderns zu einem besonders befriedigenden Dufterlebnis.

Auch bei abendlichen Spaziergängen in der nicht weit entfernten Lindenallee mit den alten, dicken und riesengroßen Linden oder bei einer Ruhepause unter dem in voller Blüte stehenden Lindenbaum unterhalb des Wiesenhangs kann der feine, blumig-süße Duft der Lindenblüten in der Luft wahrgenommen werden – eine wahre Wohltat für die Sinne.

Allerdings bietet der von Mensch und Tier geschätzte Baum im Spätsommer gelegentlich auch das auf den ersten Blick erschreckende Bild Hunderter unter ihm liegender toter Hummeln. Schnell kommt man auf den Gedanken, dass die Hummeln sich an dem Baum vergiftet haben müssen. Tatsächlich verdächtigte man lange Zeit den Nektar der Bäume einer solchen Wirkung. Da das Sterben vor allem unter den nicht ursprünglich heimischen Krim- und Silberlinden zu beobachten war, ging man davon aus, dass die besondere Zusammensetzung des Zuckers am Sterben der Hummeln schuld sein musste. Mannose, ein einfach strukturierter Zucker, der für seine Giftwirkung auf Bienen und Hummeln bekannt ist, sollte ursächlich hierfür sein. Man stand sogar schon kurz davor, die besonders hitze- und trockenresistenten Bäume fällen zu lassen. Glücklicherweise konnte die Wissenschaft hier noch rechtzeitig Entwarnung geben. Trotz sorgfältiger Analysen konnte im Nektar der Bäume wie auch in den toten Hummelkörpern kein erhöhter Mannosegehalt festgestellt werden, welcher für den Tod der Tiere ursächlich gewesen sein könnte. Des Weiteren stellte man in Versuchen mit Hummeln, welche über fünf Tage ausschließlich mit Nektar von Bäumen, an denen das Massensterben zu beobachten war, gefüttert wurden, keine schädigenden Auswirkungen auf die Versuchstiere fest. Eine Vergiftung konnte also weitestgehend wissenschaftlich ausgeschlossen werden.

Doch auch bei der Aufklärung der tatsächlichen Ursache des spätsommerlichen Insektensterbens an den Bäumen konnte die Wissenschaft behilflich sein. Bei der Messung der Zuckerreserven im Körper der Hummeln wurde festgestellt, dass diese verhältnismäßig niedrige Werte aufwiesen. Da Hummeln nicht auf andere Energiereserven wie Stärke oder Fette zurückgreifen können, sondern ausschließlich auf bestimmte Zucker, um ihren Stoffwechsel aufrechtzuerhalten, kann man davon ausgehen, dass die Hummeln schlicht und ergreifend verhungert sind. Aber warum genau unter den in voller Blüte stehenden Linden? Nun ist es so, dass die Blütezeit der eingeführten Lindenarten äußerst spät im Jahr liegt und die Bäume somit eine der wenigen Nektarquellen für die Hummeln in der späteren Vegetationsphase darstellen. Durch die »Trachtlücke« im Blütenangebot versammeln sich zunehmend viele Hummeln verschiedener Völker gleichzeitig an den spät blühenden Bäumen.

Messungen des Körpergewichts mit einer feinen, durch eine Lichtschranke gesteuerten Digitalwaage an den Ein- und Ausflugöffnungen der untersuchten Hummelvölker offenbarten, dass die Sammlerinnen am Anfang der nektarspendenden Zeit der Lindenblüte noch ausreichend Futter mit nach Hause brachten und so das Volk gut versorgen konnten. Doch nahm das Gewicht der heimkehrenden Hummeln trotz noch reichhaltiger Nektarproduktion an den Silberlinden immer weiter ab. Aufgrund des sonstigen Nektarmangels in der Umgebung wurde der Konkurrenzdruck an den angeflogenen Bäumen schlicht zu hoch, sodass der von den Bäumen produzierte Nektar nicht mehr ausreichte, um alle Hummelvölker in der Umgebung ausreichend zu versorgen. Es zeigte sich letztlich, dass das gemessene Körpergewicht beim Ausflug der Hummeln aus ihrem Nest höher war als bei deren Rückkehr. Sprich, die Sammlerinnen verbrauchten bei der Nektarsuche mehr Energie, als sie einholen konnten. Am Ende waren viele Hummeln so geschwächt, dass sie kaum noch Energie hatten, um ausreichend Kraft für den Rückflug zum Nest aufzubringen, was schließlich der Grund für ihr Sterben und das massenhafte Auftreten toter Hummeln unter den Lindenbäumen war.

Da Hummeln im Gegensatz zu Honigbienen nicht überwintern und die Völker ohnehin im späteren Verlauf des Jahres absterben, ist dies auch nicht weiter dramatisch. Nur tun sie es in diesem Fall eben stark örtlich konzentriert an den später blühenden Lindenarten.

Was zunächst so erschreckend aussah, entpuppte sich letztlich als ein relativ einfacher, natürlich bedingter und wissenschaftlich erklärbarer Prozess.

Ein kleiner Beobachter

Scheinbar überaus interessiert an der Betriebsamkeit am Bienenstand sitzt ein Eichhörnchen beobachtend in nicht allzu weiter Entfernung auf einem Ast an der alten Linde am Fuße des Hangs. Wie lange es da schon sitzt, lässt sich schwer sagen. Jedoch scheint es hoch interessiert an dem, was sich hier in seinem Revier abspielt. Zwischen den Blättern des Baumes ist es kaum auszumachen. Lediglich sein sich regelmäßig aufgeregt hin und her bewegender roter Puschelschwanz hat es verraten. In absolut ruhiger Beobachtungshaltung wäre es ansonsten nur sehr schwer zu entdecken gewesen.

Selbst der Hund, der immer noch im Schatten der alten Linde direkt unter dem kleinen Hörnchen auf der Seite liegend ruht, scheint es noch nicht bemerkt zu haben, obwohl es nur wenige Meter über ihm sitzt.

Schon des Öfteren hat er versucht, den kleinen Gesellen zu fangen. Stets endeten diese hoffnungslosen Versuche allerdings mit lautem und wütendem Gebell in Richtung des Blätterdachs, während das schnell in die sichere Höhe der Baumkronen entflohene Hörnchen fast schon hämisch auf ihn herunterblickte und dabei wie zum Hohn mit dem Schwanz wedelte.

Dem langen, meist buschigen Schwanz verdanken die Hörnchen auch ihren lateinischen Familiennamen: *Sciuridae*, was so viel bedeutet wie »schattenspendender Schwanz«. Doch dient dieser bei Hitze nicht nur als Schattenspender, auch gebrauchen die geschickten Kletterer ihn als Balancierhilfe oder als eine Art Fallschirm bei ihren weiten Sprüngen von Baum zu Baum. Darüber hinaus ist er als körpereigene Wärmedecke in der kalten Jahreszeit überaus nützlich. Auch zur Kommunikation wird er eingesetzt und gelegentlich wohl, um den laut bellenden Hund unten am Baum noch wütender zu machen.

Sich seiner überlegenen Flinkheit durchaus gewiss, traut sich das Eichhörnchen immer mal wieder hinab auf die Wiese, wo es nach Schnecken und Insekten sucht oder Nüsse und Samen im Boden versteckt. Erspäht es hier der Hund, ist dieser nicht mehr zu halten und stürmt mit voller Geschwindigkeit auf den hüpfenden roten Punkt zu.

Doch ist das schlaue Eichhörnchen von Natur aus viel zu wachsam. Und dies nicht nur des Hundes wegen. Schließlich gibt es eine große Interessengemeinschaft an potenziell gefährlichen Feinden, die es ebenso nur zu gern in die Fänge bekommen würden. Vom Baummarder und Wiesel über Raubvögel wie Mäusebussard, Habicht oder Eule bis hin zu Katzen reicht die Palette der dem Nager an den Kragen wollenden Arten.

So haben Eichhörnchen über die Zeit nicht nur eine wahnsinnig schnelle und agile Wendigkeit, sondern auch einen äußerst gut ausgeprägten Hör- und Sehsinn von der Natur mitbekommen. In ständiger Wachsamkeit bekommen sie so meist jeden sich nähernden Feind rechtzeitig mit. Bisher befand sich das Hörnchen deswegen immer bereits in sicherer Höhe eines Baumes, wenn der Hund selbigen erreicht hatte.

Gelegentlich kann man es auch dabei beobachten, wie es sich an den Sonnenblumenkernen am Vogelfutterhaus auf der Veranda bedient. Die schützende Barriere der dazwischen liegenden Fensterscheibe scheint ihm dabei bewusst zu sein, denn von Bewegungen im Inneren des Hauses, nur zwei bis drei Meter entfernt, lässt es sich nicht sonderlich stören.

Immer noch schaut es mit seinen interessierten und schlau wirkenden Äuglein zum Bienenstand herüber. Was es sich wohl dabei denkt? Ist es einfach nur neugierig oder eher wütend über die durch die Betriebsamkeit am Bienenstand verlorene Ungestörtheit in seinem Revier? Vielleicht beobachtet es auch nur, ob sich hier eine unverhoffte Futterquelle auftut.

Doch kann man dem kleinen, pelzigen Freund nicht einmal beim Plündern des Vogelhäuschens böse sein. Zu viel Niedlichkeit und Schönheit liegen in seiner Form und der Art seiner Bewegung, als dass man ihm keine Sympathie entgegenbringen könnte.

Spezielle Fütterung

Das nun als Nächstes zur Durchsicht anstehende Bienenvolk ist das zur Mittagszeit geschwärmte Volk. Am Flugloch herrscht nur noch sehr wenig Flugverkehr. Obwohl die Waben fast lückenlos mit Brut bestückt und die Vorratszellen am Rand der Waben mit frisch gesammeltem Honig vollständig befüllt sind, sitzen doch auffallend wenig Bienen auf den Waben. Wo sonst vor lauter Bienen kaum etwas von der Wabe zu sehen ist, hat man nun eine gute Sicht auf die einzelnen Zellen und die sich darin befindliche Jungbrut. Nur stellenweise vereinzelte Arbeiterinnen, die aufgeregt auf der Wabe umherlaufen, verwundert über den fehlenden Geruch ihrer Königin und die plötzliche Leere in ihrem Zuhause.

Und schon auf der dritten herausgezogenen Wabe bestätigt sich die Vermutung. Am unteren Rand der Wabe hängt auffallend groß eine neu geschaffene Königinnenzelle. Vom Erscheinungsbild einer Erdnuss ähnelnd, hängt sie wie angeklebt an den anderen Zellen herunter. In der bereits verschlossenen Zelle findet vermutlich gerade die faszinierende Metamorphose einer Made zur Bienenkönigin statt. Ist ein Bienenvolk in Schwarmstimmung, legen die Bienen meist gleich mehrere dieser sogenannten »Nachschaffungszellen« an, welche dann von der Königin zunächst mit ganz normalen Arbeiterinneneiern bestückt werden. Lediglich ein Unterschied in der Futterzusammensetzung lässt hier den genetischen Schalter umspringen und steuert so die Entwicklung hin zu einer Bienenkönigin anstatt zu einer Arbeiterin. Das heißt, jedes von der Königin gelegte Arbeiterinnenei kann sich im Grunde auch zu einer Königin entwickeln. So bekommen alle Larven des Staates in den ersten drei Tagen den gleichen Futtersaft gereicht. Das berühmte »Gelée royale«. Nur bekommen zukünftige Königinnenlarven diesen proteinreichen Nahrungssaft auch noch über diese dreitägige Anfangszeit hinaus, wohingegen die Arbeiterinnenlarven im weiteren Verlauf ausschließlich mit Honig und Pollen gefüttert werden. Lediglich die Art der Fütterung entscheidet somit, ob eine Larve Eierstöcke ausbildet und zur Königin wird oder ob ihr Lebensweg als Arbeiterin weitergeht.

Tatsächlich sind also Arbeiterinnen und Königinnen vom genetischen Grundbauplan her gleich. Nur führt die unterschiedliche Fütterung zu einer differenzierten Genexpression. Ferner wird die Königin auch nach dem Schlupf noch und ihr gesamtes Leben über mit dem energiereichen Futtersaft gefüttert, welcher von den Ammenbienen mithilfe ihrer Futterdrüsen produziert wird. Bedenkt man, dass die Königin im Sommer etwa 2 000 Eier pro Tag legen muss, was in etwa ihrem eigenen Körpergewicht entspricht, ist ein solch proteinreicher »Energydrink« wohl auch vonnöten.

In der Annahme, dass diese besondere Art des Bienenfuttersaftes somit auch für den Menschen von gesundheitsförderndem Wert sein müsse, wird Gelée royale heute fast überall auf der Welt als besonders gesundes und vitalisierendes Heilmittel angepriesen und vermarktet.

Sicher beruhen die Vermutungen über die lebensverlängernden und gesundheitsfördernden Eigenschaften des Stoffes teils auch auf der Tatsache, dass normale Arbeiterinnen, denen der Saft nur in den ersten drei Tagen ihres Larvenstadiums verabreicht wird, nur wenige Wochen bis Monate leben, wohingegen die Königin, welche ihr gesamtes Leben damit gefüttert wird, bis zu fünf Jahre leben kann und dementsprechend zumindest für Bienenverhältnisse ein äußerst hohes Alter erreicht.

Heute wird Gelée royale als Nahrungsergänzungsmittel eingenommen oder kann enthalten in Cremes und anderen Kosmetika auf die Haut aufgetragen werden. Inzwischen hat sich ein nicht zu unterschätzender Industriezweig rund um das so stark beworbene »Wundermittel« etabliert.

Das meiste Gelée royale wird in China produziert. So exportiert allein China etwa 400 bis 500 Tonnen dieses besonderen Stoffes im Jahr.

Doch ist die Gewinnung des Königinnenfuttersaftes nicht ganz einfach. Um die Bienen dazu anzuregen, mehr von diesem außergewöhnlichen Futtersekret zu produzieren, werden den Völkern aus Kunststoff nachgebildete Königinnenzellen untergeschmuggelt. Das von den so hinters Licht geführten Bienen produzierte und in die künstlichen Zellen eingelagerte Gelée royale wird dann mit einer Pipette, Spritze oder Pumpe entnommen und gesammelt. Da das Volk erst durch die Entnahme der Königin zur Pflege der künstlich hinzugehängten Königinnenzellen animiert werden muss und diese zur Gewinnung des sich darin befindlichen Futtersaftes anschließend auch wieder entnommen werden, stellt das Verfahren für die Bienen durchaus eine stressige Situation dar. Das plötzliche Verschwinden ihrer Königin sowie die daraufffolgende Entnahme der künstlichen Nachschaffungszellen können ein Bienenvolk in starke Aufregung versetzen und so zu deren Schwächung beitragen, weshalb diese Form der »Produktion« des begehrten Stoffes zunehmend in Kritik geraten ist. Naturnah arbeitende Bienenwirtschaften lehnen diese Art der Gewinnung von Gelée royale deswegen häufig ab.

Tatsächlich sind die enthaltenen Mengen an Hormonen sowie die geringen Mengen an Nährstoffen wie Proteinen und Aminosäuren im Verhältnis zur Masse des menschlichen Organismus kaum relevant, sodass die zunehmende Beliebtheit von Gelée royale zur Gesundheitsförderung medizinisch doch eher fragwürdig erscheint. Aussagekräftige wissenschaftliche Studien können die gesundheitsfördernde Wirkung auf uns Menschen derzeit jedenfalls nicht untermauern, weshalb die Europäische Behörde für Lebensmittelsicherheit (EFSA) Werbeaussagen, wonach Gelée royale die Immunabwehr unterstützt oder eine positive Wirkung auf den Fettstoffwechsel, den Alterungsprozess oder die allgemeine Vitalität hat, für irreführend und somit unzulässig erklärt hat.

Tüten und Quaken im Bienenstock

Bei der weiteren Durchsicht der Waben des nun nach dem Schwarmabgang recht leeren Bienenkastens zeigen sich noch drei weitere bereits verdeckelte Weiselzellen. Nur eine einzige Königinnenzelle zur Nachschaffung einer neuen Regentin anzulegen, wäre für das Bienenvolk zu riskant. Entwickelt sich die darin befindliche Königin aus irgendeinem Grund nicht richtig, wäre das Volk verloren, sodass es hier lieber auf Nummer sicher geht und gleich mehrere dieser besonderen Zellen anlegt.

Schlüpft dann schließlich die erste Königin aus ihrer Brutkammer, kann es mitunter vorkommen, dass das Volk zusammen mit ihr nochmals ausschwärmt und sich die Volksstärke so noch weiter reduziert – ein sogenannter »Nachschwarm« geht ab. Sollte sich die zuerst geschlüpfte Königin jedoch dazu entscheiden, in ihrer Geburtsstätte zu bleiben, um fortan die dortige Staatsführung zu übernehmen, gilt es zunächst, die noch nicht geschlüpften Konkurrentinnen auszuschalten. Hierfür spürt sie die restlichen noch verschlossenen Königinnenzellen auf, beißt in diese mit ihren kräftigen Mundwerkzeugen ein Loch und sticht die sich noch in ihrer Brutzelle befindlichen jungen Rivalinnen tot. Nur so kann sie sicher sein, die Alleinherrschaft über ihr Volk zu haben – ganz nach dem Motto: Es kann nur eine geben!

Diese für uns gefühlt unschöne Tat geschieht jedoch nicht aus einem egoistisch motivierten Alleinstellungswunsch der Königin heraus, sondern beruht vielmehr auf der biologischen Notwendigkeit, dass es, um das natürliche Gleichgewicht in einem Volk zu bewahren, besser für dieses ist, nur eine Königin zu haben.

Ob eine Jung-Königin mit einem Teil der noch verbliebenen Bienen erneut ausschwärmt oder sich dazu entscheidet, lieber doch im Stock zu verbleiben, liegt allerdings keineswegs in der Verfügungsgewalt der Königin. Vielmehr entscheidet dies das Bienenvolk als ganzes. Wobei die Entscheidung unter anderem von der Volksstärke der im Bau verbliebenen Bienen sowie von den noch verbliebenen Honigreserven abhängig gemacht wird. Ist das Volk zu klein, erfolgt kein weiteres Nachschwärmen. Ist es hingegen ausreichend groß, treiben die Arbeiterinnen die frisch geschlüpfte Königin erneut über die Waben und drängen diese zum Ausfliegen. In diesem Fall beschützen sie auch die noch verschlossenen restlichen Königinnenzellen vor eventuellen Angriffen der bereits geschlüpften Königin.

Um zu verhindern, dass eine weitere Königin schlüpft, während die erste noch im Volk ist und es so eventuell zu Rangeleien der Königinnen untereinander kommt, hat sich die Natur einen besonders raffinierten Trick einfallen lassen. Ist eine Königin in ihrer Brutzelle ausentwickelt und steht kurz vor dem Schlupf, signalisiert sie den restlichen Bienen im Volk mittels einer Art »Quaken« ihre Schlupfbereitschaft – eine mit der Flugmuskulatur erzeugte Vibration, die über die Wabenstruktur des Stocks weitergetragen wird. Sollte sich die alte Königin zu diesem Zeitpunkt aus irgendeinem Grund noch im Stock befinden, zum Beispiel weil das Wetter ein Ausschwärmen unmöglich gemacht hat, reagiert sie auf das Quaken der schlupfbereiten Jungkönigin mit einer Art »Tüten«. Dies signalisiert dem Volk, nicht noch eine weitere Königin aus ihrer Zelle zu befreien, bevor die alte nicht ausgeflogen ist. Und die noch in ihrer Geburtszelle eingesperrte Jungkönigin – die es ohne die Hilfe der Arbeiterinnen nicht allein aus ihrer Weiselzelle schafft – muss sich noch etwas gedulden, bis sie schlüpfen kann. Denn kommt es zum Aufeinandertreffen zweier Königinnen, kann dies einen Kampf auf Leben und Tod bedeuten. So verharren die bisher nicht geschlüpften Jungköniginnen meist so lange in ihren Zellen, bis die noch im Stock befindliche Altkönigin mit einem Teil des Volkes ausgeschwärmt ist.

Sollte sich das Volk dazu entschließen, mit der frisch geschlüpften Neukönigin nicht nochmals auszuschwärmen, reagiert diese auf das Quaken der anderen Jungköniginnen aus ihren Zellen allerdings mit der Tötung der noch nicht geschlüpften Schwestern. Auch werden diese dann nicht mehr von den Arbeiterinnen bewacht, sodass die neue Herrscherin nicht von ihrer mörderischen Tat abgehalten wird.

Das Quaken sowie das Tüten wird von den Jungköniginnen durch hochfrequente Vibrationen der Flugmuskulatur erzeugt; beides ist mit dem menschlichen Ohr auch noch außerhalb des

Bienenkastens zu hören. Doch wie nehmen die Insekten das von der Königin abgegebene akustische Signal überhaupt wahr? Haben sie in dem Sinne doch keine Ohren. Stattdessen haben sie allerdings spezielle Sinnesorgane an ihren Beinen, die auf Schwingungen reagieren. Die Bienen »erspüren« die Schwingungen also mit ihren Beinen. In gewisser Weise könnte man sagen, sie »hören« mit ihren Beinen. Der von den Jungköniginnen abgegebene Luftschall überträgt sich auf die Waben und von dort auf die Beine der Bienen. Die Zellwände der Waben bilden zusammen mit den verdickten Zellrändern eine schwingungsfähige Struktur, über welche sich Vibrationen verbreiten können – eine Art Telefonnetz für Bienen also. So können die Bienen quasi miteinander »reden«, ohne dass ein Wort gesagt werden muss. Diese Form der Kommunikation setzen sie auch bei der Informationsweitergabe über Richtung und Entfernung der gefundenen Nektarquelle durch den Schwänzeltanz ein.

Es gehört schon etwas Glück dazu, im richtigen Moment bei den Bienenkästen zu sein und so diesen sonderbaren Prozess von außen akustisch miterleben zu können. Hat man die seltene Ehre, das Tüten und Quaken der Jungköniginnen zu hören und so direkt an der königlich-musikalischen Kommunikation teilhaben zu können, ist es auf jeden Fall ein beeindruckender und faszinierend-schöner Moment, der einen immer wieder in ein Staunen über die raffinierten Vorgänge in solch einem Bienenvolk versetzt.

Der Hochzeitsflug

Ist die Entscheidung schließlich getroffen und die neue Regentin des Bienenvolkes steht fest, wird die frisch auf die Welt gekommene und noch nicht begattete Königin etwa ein bis zwei

Wochen nach ihrem Schlupf zu ihrem alles entscheidenden Flug aufbrechen. Ein Ausflug, von dem die gesamte Weiterexistenz des Bienenvolkes abhängt – der sogenannte »Hochzeitsflug«. Um eine möglichst hohe genetische Vielfalt zu gewährleisten, ist es wichtig, dass die zukünftig von der Königin gelegten Eier nicht nur eine Mischung des Erbguts von Elternteilen ein und desselben Volkes sind, sondern von möglichst unterschiedlichen Völkern stammen und somit auch unterschiedlichen genetischen Ursprungs sind.

Wie ein Antivirenprogramm regelmäßig aktualisiert werden muss, um auf neue Bedrohungen aus dem Netz adäquat reagieren zu können, muss auch das Immunsystem möglichst mannigfaltig und auf dem neuesten Stand sein. Und dies erreicht man in der Natur eben am besten durch den Austausch genetischer Informationen möglichst unterschiedlicher Herkunft. So ist der Austausch genetischen Materials unter verschiedenen Individuen derselben Art bei der Fortpflanzung ein überall in der Umwelt vorkommendes Erfolgsrezept der Evolution. Auch wenn dies für die verschiedenen Arten oft bedeutet, einen immensen Aufwand betreiben zu müssen. Denken wir zum Beispiel nur mal an männliche Buckelwale, die für die Partnersuche Tausende von Kilometern schwimmen, die energieaufwendigen Kämpfe männlicher Hirsche um die Vormachtstellung bei den Weibchen oder das tagelange Gequake der Laubfroschherren um die Gunst der Damen. Und auch die Bienen betreiben hierfür einen nicht unerheblichen Aufwand.

Da vom Hochzeitsflug der Königin die gesamte Zukunft des Volkes abhängt und die noch jungfräuliche Hoheit hierbei keinesfalls verloren gehen oder verunglücken darf, wird sie bei ihrem Ausflug zum Schutz von einer Handvoll Bienen begleitet. Auch muss das Wetter mitspielen. So sollte es warm, trocken und keinesfalls zu windig sein. Um das Risiko eines vorzeitigen Todes, das jeder Ausflug nun einmal mit sich bringt, zu minimieren, ist die Zeit des Hochzeitsfluges auch ausschließlich auf den Beginn der Regentschaft einer Königin begrenzt. Den Rest ihres Lebens verbringt die Königin dann in der Regel im Stock und ist ausschließlich mit Eierlegen beschäftigt.

Die einzige Chance, in ihrem Leben die Sonne kurz wiedersehen zu können, hat sie nur, wenn auch sie sich irgendwann mit einem Teil des Volkes auf den Weg macht, um eine neue Behausung für sich und den mit ihr reisenden Bienenschwarm zu finden.

Hauptziel des Hochzeitsfluges ist es, von möglichst vielen männlichen Bienen auf einmal befruchtet zu werden und deren Samen in der sogenannten »Samenblase« zu speichern, welche sich im Hinterleib, dem Abdomen des Königinnenkörpers, befindet. Dieser Vorrat muss dann für Hunderttausende von befruchteten Eiern über ihr gesamtes Leben hinweg reichen. Und auch hier hat sich die Natur wieder etwas ganz besonders Raffiniertes ausgedacht, um es der auf Männersuche befindlichen Königin leichter zu machen. Zielstrebig fliegt sie dabei zu einem ganz bestimmten Ort in der Umgebung des Bienenstocks, an welchem sich die männlichen Bienen verschiedener Völker sammeln – dem sogenannten »Drohnensammelplatz«.

Diese oft über viele Jahre an derselben Stelle verbleibenden Orte dienen den unterschiedlichen Bienenvölkern der Umgebung quasi als »Treffpunkt«. Wobei es durchaus vorkommen kann, dass an solch einem Drohnensammelplatz bis zu 20 000 männliche Bienen auf einmal umherfliegen – jederzeit bereit, sich auf eine herannahende Jungkönigin zu stürzen. Wie diese besonderen Orte von den Bienen bestimmt und gefunden werden, ist bisher noch nicht wissenschaftlich geklärt. Eventuell spielen für uns nicht sichtbare Polarisationsmuster der Sonne, optische Reize der Umgebung oder bestimmte Pheromone eine Rolle. Auf der Suche nach solch einem Sammelplatz fliegt die Königin oft mehrere Kilometer weit, um Paarungen mit Drohnen aus ihrem eigenen Volk zu vermeiden, die ihrerseits eher näher gelegene Sammelplätze anfliegen.

Nähert sich eine Jungkönigin einem solchen Drohnensammelplatz, stürzen sich meist gleich mehrere Drohnen auf einmal auf die paarungsbereite Regentin. Wie man sich leicht vorstellen kann, herrscht dabei ein starker Konkurrenzkampf unter den zahlreichen begattungseifrigen Drohnen. Nur wenige von ihnen kommen letztlich auch zum Zug. Die Paarung selbst findet im Flug statt, wobei sich die Königin gleich mit zehn bis zwanzig Drohnen nacheinander paart. Am Ende des Paarungsaktes sollte die Samenblase der Königin mit den so von den unterschiedlichen Männchen übertragenen Spermien gut gefüllt sein, denn muss dieser Vorrat, wie gesagt, über ihr gesamtes Leben hinweg reichen. Geht der Samenvorrat zur Befruchtung der Eier in der Samenblase der Königin irgendwann zur Neige, spüren dies ihre Arbeiterinnen und werden recht schnell für Ersatz sorgen und neue Weiselzellen anlegen, um ihre alternde Königin möglichst rasch zu ersetzen. Und die Möglichkeit eines erneuten Ausfluges, um die Samenblase wieder aufzufüllen, ist für die alternde Königin schlicht nicht vorgesehen. Wenn die Königin nicht ohnehin eines natürlichen altersbedingten Todes stirbt, kann es tatsächlich auch vorkommen, dass die alte Regentin, aufgrund mangelnder Ausschüttung von »Königinnenpheromonen« oder weil sie schlicht nicht mehr genug Eier legt, von ihren eigenen Töchtern erstochen wird. Ein zugegeben undankbares Ende, doch kann sich das Bienenvolk einfach keine Schwäche erlauben.

Allerdings muss sich nicht nur die Königin in ihrem Leben radikalen Vorgängen der Natur unterwerfen – auch die Drohnen müssen beim Paarungsakt ihr Leben lassen, da bei der Prozedur ihr Hinterleib samt Fortpflanzungsorgan herausgerissen wird. Die Weitergabe der genetischen Informationen ihres Muttervolkes war somit gleichzeitig ihre letzte Amtshandlung.

Wo genau sich diese Sammelplätze der männlichen Drohnen befinden, lässt sich mit bloßem Auge in der Regel jedoch leider nicht ausmachen, da sich die dort herumschwirrenden Bienen so schnell bewegen, dass sie für uns optisch schlicht kaum wahrnehmbar sind.

Mithilfe eines kleinen Tricks lassen sich solche Drohnensammelplätze letztlich aber doch entdecken. Mit dem Wissen im Gepäck, dass sich so gut wie um jeden Bienenstand mit mehreren Völkern in maximal ein bis zwei Kilometern Entfernung ein solcher etwa fußballfeldgroßer Drohnensammelplatz befinden sollte und die dort umherschwirrenden Bienen meist nur wenige Meter hoch fliegen, kann man sich mit einem Steinchen bewaffnet auf die Suche nach diesem außergewöhnlichen Platz in der Umgebung der eigenen Völker machen. Der Trick dabei ist, das Steinchen immer wieder testweise in die Luft zu werfen, um den Drohnen so eine heranfliegende Königin vorzugaukeln. In ihrem Übereifer stürzen sich dann meist einige der Männchen auf das Steinchen, in der Hoffnung, endlich bei einer Jungkönigin zum Zug kommen zu können. Vermutlich merken sie erst kurz vorher, dass es sich nicht wirklich um eine Königin handelt. Durch die kurzzeitige Anballung von Drohnen um das Steinchen kann man den Drohnensammelplatz recht gut ausmachen.

Mittels dieses Kniffs zeigte sich, dass auch in der Umgebung des hiesigen Bienenstandes über einer offenen Wiesenfläche oberhalb des kleinen, ansonsten mit Wald umsäumten Dörfchens ein solcher Drohnensammelplatz zu finden ist. Da es nicht allzu viele offene Flächen in der Umgebung gibt, war es nicht sehr schwer, besagten Treffpunkt in der Nähe des Bienenstandes ausfindig zu machen.

Warum die Bienen Jahr für Jahr immer wieder genau diesen Platz als Sammelplatz wählen, bleibt zunächst ein Rätsel. Aus menschlicher Sicht könnte die Stelle mit seinem wunderschönen Panoramablick allerdings als Sammelplatz der Bienen tatsächlich nicht schöner gewählt worden sein. Ob die Bienen den Platz wegen des guten Ausblicks ausgewählt haben, ist allerdings eher fraglich. Jedenfalls ist die Wiese äußerst ruhig gelegen, sodass die Drohnen hier ungestört umherschwirren und auf eine Jungkönigin warten können.

Die von dem turbulenten Treiben über ihren Köpfen nichts ahnenden Spaziergänger werden die Bienen wohl kaum dabei stören.

Harmonische Baukunst

In der alten Scheune am Fuße der Wiesenfläche mit dem Drohnensammelplatz hatte sich vor einigen Jahren ein Bienenschwarm ganz oben an der Stirnseite direkt hinter dem Giebel des morschen, schon lange nur noch als Lagerraum genutzten Gebäudes eingenistet. Zu- und Abflugmöglichkeit bot den Bienen ein kleines Loch zwischen den Schalungsbrettern der Scheune. Da das Volk bereits damit begonnen hatte, innen Waben an die Dachbretter der Scheune zu bauen, und für den menschlichen Zugriff ohnehin zu weit oben hing, wurde es gezwungenermaßen einfach an seinem selbst gewählten Ort hängen gelassen, sodass es ungestört von imkerlichen Maßnahmen seinen Wabenbau ganz natürlich und unbegrenzt erweitern konnte.

Gelegentliche Besuche lösten immer wieder Erstaunen über die Geschwindigkeit aus, in welcher der Nestbau voranschritt. Bis zum Herbst hatten die Bienen eine Fläche von etwa einem halben Quadratmeter mit ihrem Wabenbau in Anspruch genommen. Die so entstandene, wellenförmig und harmonisch ineinanderfließende Bauform der Wabenkonstruktion kam fast schon einem kleinen Kunstwerk gleich. Ineinander geschwungene Formen, die doch immer exakt den gleichen Abstand zueinander zu haben schienen. Im Schattenspiel des Taschenlampenlichts traten diese erstaunlichen Formen noch beeindruckender hervor.

Einen Bienenschwarm offen, unbegrenzt und frei von imkerlichen Vorgaben wie Rähmchen oder Zargen seinen Wabenbau errichten zu sehen und beobachten zu können, wie dieser von Tag zu Tag größer wird, ist ein baukünstlerisches Naturerlebnis, welches man selbst als Imker nicht alle Tage zu sehen bekommt.

Mit dem zunehmend größer werdenden Wachsbau wuchs auch das Bienenvolk bis zum Herbst stark an. Sogar im darauffolgenden Winter konnte man es noch zusammengeballt zu einer sich selbst wärmenden Winterkugel zwischen den Waben sitzen sehen. Leider nahm die Volksstärke im folgenden Frühjahr und Sommer rapide ab, sodass im Herbst nichts mehr von den Bienen zu sehen war. Nur ihr beeindruckender Wabenbau blieb unbewohnt zurück. Wachsmotten und andere Insekten hatten sich anschließend Stück für Stück über das kleine architektonische Wunderwerk hergemacht, bis im nächsten Jahr nicht mehr viel von ihm übrig geblieben war. Vermutlich hat die parasitäre Varroamilbe auch vor diesem Volk nicht Halt gemacht und es letztlich eingehen lassen. Leider passiert dies sich wild ansiedelnden Bienenschwärmen immer wieder.

Leben und sterben lassen

In der Hoffnung, irgendwann eine varroaresistente Biene züchten zu können, die sich selbstständig gegen den kleinen Parasiten zur Wehr setzten kann, werden immer wieder Experimente mit mehr oder weniger wild lebenden und sich selbst überlassenen Bienenvölkern unternommen. Leider blieben diese bisher meist ohne längerfristigen Erfolg.

Doch gibt es hier auch immer mal wieder Hoffnungsschimmer. Einer der bisher bekanntesten Zuversicht spendenden Versuche ist das sogenannte »Bond-Projekt«, bei welchem Wissenschaftler 1999 auf einer etwas abgeschiedenen Ecke im Südwesten der schwedischen Ostseeinsel Gotland über hundert Bienenvölker aufstellten und anschließend sich selbst überließen.

Der Ansatzpunkt des Projektes: Leben und sterben lassen. Ziel des Versuches war es zu schauen, ob durch natürliche Auslese eine Art Anpassung zwischen Bienen und Parasit erfolgt. Erwartungsgemäß ging die Völkerzahl stark zurück, bis nach etwa fünf Jahren nur noch wenige überlebende Bienenvölker übrig waren. Doch zeigte der kleine Prozentsatz an noch lebenden Völkern eine überraschend stabile Gesundheit. Zwar schwärmten sie häufig und hatten einen deutlich niedrigeren Honigertrag, doch überlebten sie ohne das Eingreifen des Menschen und vermehrten sich sogar in den darauffolgenden Jahren. Hier musste also eine Anpassung stattgefunden haben. Was genau für das Überleben der noch verbliebenen Völker verantwortlich war und warum diese nicht wie die anderen Völker durch den starken Populationsdruck der Varroamilbe zusammengebrochen sind, ist noch nicht endgültig wissenschaftlich geklärt. Es wird jedoch vermutet, dass das häufige Schwärmen sowie die geringe Größe der Völker mit ursächlich für das Überleben der Bienen gewesen sein müssen. Ein Verhalten, welches normalerweise durch Züchtung und imkerliche Maßnahmen versucht wird zu unterdrücken.

Auch zeigten Beobachtungen des amerikanischen Bienenforschers Thomas D. Seeley an in Baumhöhlen wild lebenden Bienenvölkern eine Art Anpassungsprozess an die eingeschleppte Varroamilbe.

Die von Seeley seit Beginn seiner Forscherkarriere beobachteten Nistplätze in Altbäumen des Arnot Forest im US-Bundesstaat New York sind auch heute noch – sprich auch nach der Einschleppung der ursprünglich nicht in den USA vertretenen Varroamilbe – von etwa derselben Anzahl von Bienenvölkern besetzt wie vor der Invasion des Parasiten. Das bedeutet jedoch nicht, dass die Einfuhr des kleinen »Schmarotzers« keinen Einfluss auf die dortige Bienenpopulation gehabt hätte. Genetische Analysen wiesen nämlich eine starke Verwandtschaft der Völker untereinander nach. Dies ist ein Hinweis darauf, dass wohl auch die dort ansässigen Völker zu einem großen Teil unter dem parasitären Druck eingegangen waren, die so frei gewordenen Baumhöhlen aber von den wenigen überlebenden Bienenvölkern durch Schwärme nach und nach wieder besiedelt worden sind. Und auch hier waren die Bienenvölker wieder verhältnismäßig klein und schwärmten relativ häufig. Dies scheinen notwendige Anpassungen zu sein, um als Bienenvolk langfristig mit dem Parasiten überleben zu können.

Schlussendlich lassen derlei Beobachtungen die Wissenschaftler vermuten, dass eine Anpassung der Bienen an den Parasiten durchaus möglich ist. Ein ertragreiches Imkern ist aufgrund der geringen Honigproduktion so jedoch leider kaum möglich – zumindest nicht im Vergleich mit dem heutigen Maßstab.

Hier gilt es, zwischen der Zucht von möglichst starken, ertragreichen und selten schwärmenden Bienen und einer wesensgemäßeren Form der Imkerei mit häufiger schwärmenden, kleineren Völkern abzuwägen.

Allerdings wäre der Schritt zurück zu kleineren und häufig schwärmenden Völkern für eine Berufsimkerei unter den heutigen Bedingungen finanziell kaum umsetzbar. Aber vielleicht sollte sich die Zucht nicht ausschließlich an den Wünschen nach immer weniger ausgeprägtem Schwarmverhalten und immer mehr Honigertrag orientieren. Eventuell ist ja gerade auch in der Imkerei das Motto »Weniger ist mehr« besser.

Baum ohne Grenzen

Nach der Durchsicht einiger weiterer Völker, welche allesamt einen guten und gesunden Eindruck machen, erreicht die inzwischen über ihren Zenit hinaus geschrittene Sonne langsam den Bergahornbaum, der mit seinen Blättern nun am Bienenstand etwas Schatten spendet. Er thront oberhalb der kleinen Hangwiese direkt am Rand des Teiches – ein mächtiger, stark verzweigter und breiter Baum, sicher weit mehr als hundert Jahre alt.

Hier unten am Bienenstand wirkt es, als würden die immer mal wieder durch die Zweige hindurchdringenden Sonnenstrahlen mit den Schatten der leicht im Wind taumelnden Blätter des Baumes tanzen. Ein ständig wechselndes Spiel von Licht und Schatten, in dem dunkle und helle Flecken lebendig umherhüpfen.

Durch seinen freien Standort ohne benachbarte Bäume, mit denen er konkurrieren musste, konnte der Ahorn sich in seiner vollen Pracht entwickeln. Mit einem Stammdurchmesser von etwas über einem Meter ist er ein eher seltener Vertreter seiner Spezies. Zwar können Ahornbäume mit genügend Zeit durchaus groß und mächtig werden, doch ist den meisten Bäumen der Faktor Zeit eben nicht vergönnt. Jenes Exemplar durfte die Jahrzehnte jedoch augenscheinlich ohne größere Eingriffe überstehen. Seinem Stammdurchmesser und den Aussagen älterer Dorfbewohner nach zu urteilen, hat er hier bereits zu Zeiten des Zweiten Weltkriegs gestanden. Vermutlich hat er als Jungbaum auch schon den Ersten Weltkrieg miterlebt. Völlig unbeeindruckt vom wilden Treiben der Menschen um ihn herum war er auch damals schon nur an Licht, Wasser und den für ihn zum Leben notwendigen Nährstoffen interessiert.

Die eine Hälfte seiner Krone beschattet den Teich, die andere einen Teil der daran angrenzenden Wiese sowie den kleinen Weg, der am Teich vorbei hoch zur Straße führt. Der mächtige Stamm verzweigt sich in etwa zehn Metern Höhe mehrfach in inzwischen selbst schon baumstarke Äste. Diese wiederum spalten sich ebenso in regelmäßigen Abständen in mehrere immer kleiner werdende Unteräste auf, bis schließlich hin zu den Zweigen und den großen fünfzackigen Blättern.

Obwohl er sehr viel Laub produziert, welches im Herbst von dem am Teich entlanglaufenden kleinen Weg gekehrt werden muss, kam bisher niemand auf die Idee, ihn deswegen fällen zu wollen. Fast ehrfurchtsvoll schreckt man im Angesicht seiner majestätischen Erhabenheit schon vor der bloßen Vorstellung zurück.

Letztlich liefert auch er Futter und Versteckmöglichkeiten für unzählige Insekten und Vögel. So bieten Blätter und Rinde Nahrung für verschiedene Tierarten. Das aufgerollte Blattwerk dient etwa den Larven der Ahornmotte als Versteck. Aber auch dem Nachwuchs der Ahorngallwespe und zahlreichen anderen Insekten dienen die Blätter als Kinderstube.

Darüber hinaus finden Vögel gute Nistmöglichkeiten in den fein verzweigten Ästen des großen Baumes. Das dichte Blattwerk schützt sie dabei vor den Blicken feindlicher Nesträuber. Aber auch die Blüte des Bergahorns liefert reichlich Nektar für die verschiedensten Insekten, darunter auch Wildbienenarten wie die Gehörnte Mauerbiene oder die Rotpelzige Sandbiene.

Die Vorstellung, diesen alten, voller Leben steckenden und als Unterschlupf für unzählige Arten dienenden Baum einfach nur wegen etwas störenden Laubs im Herbst fällen zu wollen, rückt beim stillen Verweilen im Schatten seiner breiten Krone in unerreichbar weite Ferne.

Schon die Bienen des leider längst verstorbenen Imkervorgängers hier vor Ort waren zu ihm geflogen, um sich an seinen zahlreichen Blüten mit Nektar zu stärken. So steht er bereits seit mehreren Generationen hier im Dorf und trotzt seit ewiger Zeit den an ihm vorüberziehenden Jahreszeiten. Als wäre jedes Jahr für ihn nur ein Tag, an welchem er im Frühjahr mit frischer Kraft aufsteht und sich im Herbst erschöpft wieder schlafen legt.

Nun zum Nachmittag liefert er den sehnlichst erwarteten Schatten am Bienenstand, was das Arbeiten in dem dicken Imkeranzug wesentlich erleichtert.

Hilfe wird benötigt

Ein Anruf auf dem unten am Haus liegenden Handy unterbricht die Arbeit am Bienenstand. Obwohl der Klingelton im Garten nur sehr schwach hörbar ist, scheint der Hund ihn sofort wahrgenommen zu haben. Laut bellend rennt er in Richtung des kleinen, idyllisch in der Nachmittagssonne liegenden Häuschens. Warum er bei jedem Anruf so aufgeregt ist, lässt sich nicht genau sagen. Vielleicht erwartet er anschließenden Besuch oder hofft auf einen dem Anruf folgenden Ausflug. Jedenfalls scheint ihn das Klingeln des Telefons stets in eine gewisse Vorfreude zu versetzen. Meist ist man selbst jedoch nicht so schnell wie der Hund, sodass auch dieser Anruf leider mal wieder nicht rechtzeitig angenommen werden konnte.

Ein Anruf einer fremden Nummer. Die Vorwahl zeigt jedoch, dass er von einem Telefon aus der Region stammen muss. Der Rückruf wird nach nur wenigen Sekunden angenommen. Eine vollkommen aufgelöste und anscheinend leicht in Panik versetzte Frauenstimme meldet sich am anderen Ende der Leitung. Heilfroh über den Rückruf bittet die Dame um schnellstmögliche Hilfe in einer überaus dringlichen Angelegenheit. Sie wüsste sich nicht anders zu helfen und hatte die Telefonnummer von einem Nachbarn erhalten.

Gerade als ihr Mann mit der Zeitung und einem kühlen Bier im Liegestuhl ihres Gartens Platz nehmen wollte, wurde er anscheinend von einer Biene hinterrücks »attackiert«. Völlig grundlos hätte diese ihn aus heiterem Himmel in den Unterarm gestochen. Kurz darauf konnte das Ehepaar wohl sogar das im Geräteschuppen des Gartens eingenistete Bienenvolk aufspüren, wie sie erzählt.

Kürzlich hätte sie im Fernsehen einen Bericht mit dem Titel *Killerbienen – eine Gefahr für Mensch und Tier* gesehen und befürchte nun ähnliches Gefahrenpotenzial in ihrem kleinen Garten. Jetzt wäre rasche Hilfe vonnöten! Ein erfahrener Imker mit entsprechender Schutzausrüstung müsse schnellstens anrücken und wieder für Ruhe und Frieden in ihrem kleinen Paradies sorgen. Solange wolle sie mit ihrem Mann lieber im Haus bleiben, um der Gefahr eines weiteren Angriffs zu entgehen. Auch sei wohl die Einstichstelle am Unterarm ihres Mannes schon leicht angeschwollen. Völlig aufgelöst fragt sie schließlich, ob sie nicht lieber einen Krankenwagen rufen solle.

Beruhigend-verständnisvolle Worte können die Situation etwas entschärfen. Dass es nach einem Bienenstich zu kleineren Anschwellungen der Haut kommen kann, ist normal. Etwas Kühlung und eine halb aufgeschnittene Zwiebel auf die Einstichstelle zu legen, könnten hier schon Abhilfe schaffen. Sollte es zu stärkeren Schwellungen oder zu weiteren Symptomen wie Atemnot, Schwindel oder einem Engegefühl in der Brust kommen, müsste jedoch dringend ein Notarzt gerufen werden. Bei einer kleineren Schwellung um die Einstichstelle ist dies jedoch nicht notwendig.

Das Versprechen, gleich aufzubrechen und schnellstmöglich vorbeizukommen, beruhigt die gute Dame offenkundig etwas. Wenigstens einem zaubert die reine Vorahnung eines Ausflugs ein freudiges Leuchten in die Augen. Ein wenig wirkt es, als hätte der Hund es schon vorher gewusst. Für ihn scheinen derlei Abwechslungen immer wieder wie ein riesiges Abenteuer zu sein.

Zum Glück ist der »Notfall« nicht allzu weit entfernt – bis in das am Fuße des kleinen Berges gelegene Nachbardorf wird es mit dem Auto wohl nur weniger Minuten bedürfen.

Schnell wird der Imkeranzug samt Wasserzerstäuber und Bienenbesen in eine leere Bienenkiste gelegt und zusammen mit einem Kunststoffeimer zum Einfangen des Schwarms den Hang hinauf zum alten Bus gebracht. Der Hund rennt merklich aufgeregt schon mal voraus.

Oben angekommen sitzt er bereits mit erwartungsvollem Blick und heraushängender Zunge fröhlich hechelnd neben der Beifahrertür des Autos. Wie eine kleine Diva sitzt er da – wartend, dass ihm die Tür geöffnet wird.

Die zum Einfangen des Bienenschwarms benötigten Utensilien werden zunächst hinten in den Laderaum des inzwischen fast schon dreißig Jahre alten Transporters gelegt. Das metallisch knarrende Geräusch beim Schließen der Schiebetür ist ein eindeutiges Indiz dafür, dass die Laufschiene wohl mal wieder etwas Schmieröl vertragen könnte. Kaum dass die Beifahrertür geöffnet ist, springt der Hund auch schon hinein und nimmt in dem geräumigen Fußraum unten an der Beifahrersitzbank Platz, als gälte es, keine Sekunde zu verlieren.

Nach inzwischen drei Tagen Standzeit springt der alte Motor des Transporters mit einem leichten Ruckeln und Stottern an – wie ein alter Mann, der nach einem längeren Mittagsschlaf noch mit etwas steifen Gliedern versucht aufzustehen. Etwas Druck auf das Gaspedal bringt die treue Seele langsam auf Touren und lässt hinten am Wagen eine kleine, grau-weiße Rauchwolke aufsteigen. Es dauert ein paar Sekunden, bis der Motor halbwegs rundläuft. Dass er wie ein Kätzchen schnurrt, kann man nicht unbedingt behaupten, eher tönt er wie ein alter Brummbär, aber was will man erwarten bei solch einem alten Fahrzeug. Trotz allem fährt das Auto immer noch zuverlässig und hat bisher stets sein Ziel erreicht.

Doch nun endlich los! Langsam beschleunigend geht es die kleine Bergstraße durch den Wald ins Tal hinunter. Meist herrscht hier so gut wie keinerlei Verkehr. Vereinzelt mal ein Traktor oder ein paar Wanderer, die auf der Straße entlangspazieren. Ansonsten ist außer ein paar überraschenden Schlaglöchern nicht viel los auf der Strecke.

Während der gesamten Fahrt schaut der Hund einen ohne Unterlass an, als könne er in der Mimik ablesen, wo es hingeht und wann man endlich ankommt. Als würde er versuchen, jede kleine Regung wahrzunehmen und zu interpretieren. Tatsächlich wirkt es so, als wäre er immer kurz vor der Ankunft am Ziel etwas nervöser und gibt dabei auch schon mal ein aufgeregtes Fiepen von sich, als wüsste er genau, dass es gleich rausgeht – an einen anderen Ort, mit neuen Eindrücken und neuen Gerüchen, die es an jeder Ecke für ihn zu entdecken gibt. Ob er tatsächlich auf kleinste, unterbewusst gesteuerte Veränderungen in der Mimik reagiert oder es einen anderen Grund für seine stets erhöhte Aufgeregtheit kurz vor der Ankunft gibt, bleibt wohl sein Geheimnis.

Tiefkühlbrokkoli zur Kühlung

Am Haus mit der am Telefon durchgegebenen Adresse angekommen, eilt auch schon eine etwas ältere, stabil gebaute Dame mit hektischem Gang die kleine mit Kies ausgestreute Einfahrt wild winkend entgegen.

Na, das kann ja heiter werden! Die aufgeregte Dame entgeht auch dem Hund nicht, woraufhin er sich neugierig zu der seltsam wedelnden Person, die da dem Auto entgegengeeilt kommt, umdreht, um sie aus dem unteren Bereich des Seitenfensters mustern zu können.

Die weit aufgerissenen Augen der mit schwarzen Dauerwellen belockten Dame weisen auf ihre anscheinend noch immer vorhandene, fast schon panische Besorgnis hin. Bevor man überhaupt den Versuch des Aussteigens unternehmen kann, steht sie auch schon am Fahrerfenster und fordert mit einer kreisenden Zeigefingerbewegung dazu auf, das Fenster schnell herunterzulassen. Kaum dass das Fenster geöffnet ist, umgreift sie sogleich heftig schüttelnd mit beiden Händen die ihr zur Begrüßung entgegengestreckte Hand. Sofort beteuert sie überschwänglich, wie überaus glücklich sie sei, dass nun endlich jemand gekommen sei, um ihnen in dieser besonderen Ausnahmesituation beizustehen. Sie könne ja nicht immer nur im Haus bleiben und ein Feuerwehreinsatz wäre ihr vor der Nachbarschaft wohl zu peinlich gewesen, erzählt sie.

Hinter dem großen, zum Vorgarten ausgerichteten Fenster des kleinen Einfamilienhauses ist ein älterer Mann mit leicht aufgelöster Miene zu sehen. Hierbei wird es sich wohl um besagtes »Opfer« handeln.

Auf dem am hölzernen Gartenzaun angebrachten Briefkasten ist der Name »Richter« zu lesen. Herr und Frau Richter scheinen in der Mitte ihres kleinen Vorgartens eine Art Miniteich angelegt zu haben. Die Art von »Teich«, wie man ihn recht günstig im Baumarkt als Fertiggussform aus Kunststoff erwerben kann – dann nur noch einbuddeln, Wasser rein und fertig ist das hauseigene »Biotop«. Auch wenn der kleine Teich lediglich einen Durchmesser von etwa einem Meter hat, hat es sich das Ehepaar nicht nehmen lassen, eine kleine begehbare Brücke über das »Gewässer« zu errichten – obwohl man vermutlich auch einfach mittels eines großen Schrittes an das gegenüberliegende »Ufer« gelangen könnte. Überall im Garten sind verschiedene Gartenaccessoires zu sehen. Vor allem die zahlreichen Gartenzwerge fallen ins Auge – einer von ihnen sitzt angelnd an dem kleinen Gartenteich, ein anderer hat anscheinend etwas über den Durst getrunken und liegt mit einer Bierflasche in der Hand schlafend unter dem Hortensienstrauch.

Mit immer noch leicht verzweifeltem Gesichtsausdruck öffnet Frau Richter das Garteneinfahrtstor. Am besten solle das

Auto die Kieseinfahrt am Haus vorbei, durch bis zum hinteren Teil des Grundstücks gefahren werden. Der alte, laut tuckernde Bus passt so gar nicht zu dem sonst bis in den kleinsten Winkel penibel gepflegten und mit allerlei Dekomaterial verzierten Garten. Kaum durch die Einfahrt passend, holpert er dröhnend den schmalen Kiesweg entlang, immer wieder Gefahr laufend, eine der kleinen, am Wegrand possierlich aufgestellten Gartenzwergfiguren zu überfahren. Jedoch scheint dies momentan nicht unbedingt Frau Richters größte Sorge zu sein. Anscheinend bleibt sie lieber auf der Hälfte des Weges am Eingang zum Haus stehen. Vermutlich, um nicht zu nahe in den Bereich der vermeintlichen »Killerbienen« zu kommen.

Ein kurzes »Bleib!« reicht und der Hund weiß Bescheid, dass er vorerst im Auto die Stellung halten soll. Kurzerhand springt er auf die Beifahrersitzbank, um so durch die Fenster die neue Umgebung besser inspizieren zu können.

Kaum aus dem Auto gestiegen, signalisiert Frau Richter heranwinkend, dass man zunächst zum Haus kommen solle. Den Vorschlag, zuerst einmal die Einstichstelle ihres Mannes zu begutachten, nimmt sie dankend an.

Im Haus riecht es nach der auf einer hölzernen Flurkommode in einer kleinen Glasschüssel drapierten Duftblütenmischung. Eine schwarz-weiß gemusterte Katze schaut vorsichtig aus der Küchentür um die Ecke, nur um gleich darauf wieder schüchtern den Rückzug anzutreten.

Frau Richter geleitet in die Wohnstube des Hauses. Die Einrichtung offenbart auch hier wenig Überraschendes. Ebenso im Herzstück des Hauses wurde vollends auf den sich stringent durchziehenden Gemütlichkeitsfaktor gesetzt. Spitzendeckchen und kleine Stofftiere oben auf der Rückenlehne der Couch unterstreichen den bisher gewonnenen Eindruck. Man könn-

te fast meinen, die Möbel wären selbstständig in der Lage, ein Stück Kuchen und eine Tasse Tee zu servieren.

Herr Richter hat in der Zwischenzeit wieder im Sessel Platz genommen und absolviert die Begrüßung ohne jeglichen Überschwang. Im Gegensatz zu seiner Frau wirkt er sehr gefasst. Fast schon ein wenig zu ernsthaft. Ein Blick auf seinen Unterarm, auf den er zu Kühlungszwecken eine Tüte Tiefkühlbrokkoli gehalten hatte, zeigt lediglich eine leichte Erhebung um die Einstichstelle herum. Die Frage nach seinem allgemeinen Befinden beantwortet er mit einem gelassenen »Passt schon«. Dies scheint eher kein Fall für einen Krankenwageneinsatz zu sein.

Tatsächlich jedoch sollte man ungewöhnliche Symptome wie größere Anschwellungen um die Einstichstelle, Kreislaufstörungen oder eventuell eintretende Atemprobleme nach einem Insektenstich sehr ernst nehmen. Denn gelegentlich kann es zu einer allergischen Reaktion auf Bestandteile des Insektengifts kommen, was im schlimmsten Fall zu einem anaphylaktischen Schock führen kann. Kommt es dann zum Kreislaufzusammenbruch, kann die Situation schnell lebensbedrohlich werden.

Herr Richter versichert jedoch nochmals, keinerlei ungewöhnliche Symptome zu verspüren, sodass ein professioneller Rettungseinsatz aufgrund der leichten Schwellung um die »attackierte« Einstichstelle wohl etwas über das Ziel hinausgeschossen wäre.

Nach dem kurzen Gespräch über Insektenstiche und deren eventuelle Folgen geleitet Frau Richter nun fast schon konspirativ wirkend in den Wintergarten des kleinen Gebäudes. Herr Richter trottet nach anfänglichen Schwierigkeiten beim Aufstehen aus dem Sessel, mit seinen Filzhausschuhen über den Fliesenboden schlurfend, langsam hinterher.

Mit leicht zusammengekniffenen und konzentriert wirkenden Augen zeigt Frau Richter aus dem Wintergarten auf den kleinen, im hinteren Bereich des Gartens stehenden Geräteschuppen aus Holz und erzählt im Flüsterton, als würde sie sich an eine scheue Jagdbeute heranschleichen wollen, wie sie und ihr Mann die »Gefahrenquelle« nach dem Angriff ausfindig gemacht hatten.

Und tatsächlich kann man an einem kleinen Spalt zwischen den obersten Brettern der Vorderwand und der Dachschräge des etwa zehn Meter entfernt stehenden Hüttchens immer wieder ein- und ausfliegende Insekten beobachten.

Auf die Frage, woher sie denn so genau wisse, dass es sich bei der Besiedlung im Gartenschuppen um Bienen und nicht um Wespen handelt, eilt Frau Richter mit erhobenem Zeigefinger kurz davon und kommt wenige Sekunden später mit einem weißen Untertassenteller samt darauf liegendem Insekt zurück. Frau und Herr Richter haben den stechenden Übeltäter nach dem treffsicheren Erschlagen vonseiten des Mannes auf dem eigenen Unterarm selbstverständlich für eventuelle ärztliche Rückfragen aufgesammelt und mit ins Haus genommen.

Bei einem möglicherweise doch eintretenden Notfall gar keine so verkehrte Idee. Frau Richter erzählt, dass sie zwar keine besonders liebevolle Beziehung zu den Tierchen habe, doch könne sie den Unterschied zwischen einer Wespe und einer Biene ja wohl noch erkennen! Und tatsächlich, der hier vorliegende Fall ist klar – ein totes Exemplar der Spezies *Apis mellifera carnica*. Eine in hiesigen Breiten weitverbreitete Unterart der westlichen Honigbiene.

Zwar kommt es eher selten vor, dass sich Bienenschwärme in Gartenhäuschen einquartieren, da Bienen von Natur aus eher höher gelegene Nistplätze bevorzugen. Wenn sich jedoch nichts Besseres anbietet, müssen eben Kompromisse eingegangen werden. Da Frau und Herr Richter den kleinen Schuppen im hinteren Teil des rückseitigen Gartens regelmäßig begehen, um dort immer mal wieder diverse Gartengerätschaften für die verschiedenen Arbeiten im Garten herauszuholen, kann sich das Volk nach Aussage von Frau Richter erst seit Kurzem dort einquartiert haben.

Auf den Gedanken, was passiert wäre, wenn sie den Schuppen betreten hätte, ohne zu wissen, dass sich darin ein Bienenvolk angesiedelt hat, scheint Frau Richter zum Glück noch nicht gekommen zu sein. Vermutlich wären hierbei gleich mehrere Bienen auf die arme Frau losgegangen. Schließlich hätte sie ja direkt das »Zuhause« der Bienen betreten. Hinzu käme die schwarze Färbung ihrer geschwungenen Dauerwellen, auf welche die Tiere vermutlich noch aggressiver reagiert hätten. In diesem Fall wäre der Schock sicher wesentlich größer gewesen. Aus dieser Perspektive betrachtet hatten Frau und Herr Richter wohl Glück im Unglück. Mit diesem noch beunruhigenderem Gedankengang sollte das Ehepaar momentan jedoch lieber nicht zusätzlich belastet werden.

Ein Schuppen voller Leben

Nach Absprache mit dem Ehepaar darf der Hund während des Einfangversuchs gern in den Garten. Jedoch auf eigene Gefahr! Sie selbst wollten währenddessen lieber im Wintergarten warten und geschützt durch die Glasverkleidung aus sicherer Entfernung bei den Arbeiten zusehen.

Um zuerst einmal einen Blick in den Schuppen zu werfen, wird nun zunächst der Imkeranzug aus dem Auto geholt. Ein wenig Vorspannung darauf, welche Größe der Bienenschwarm hat und wie sehr der errichtete Wabenbau bereits ausgeweitet wurde, ist schon vorhanden.

Der kleine Geräteschuppen scheint den Bienen einen gar nicht so schlechten Standort für ihren Nestbau zu bieten. Durch die direkt danebenstehende kleine Birke halb schattig gelegen, ist sogar die Gefahr minimiert, dass sich der Schuppen im Sommer für die Bienen überhitzt. Die direkt zur offenen Rasenfläche gelegene Einflugschneise bietet den ein- und ausfliegenden Sammlerinnen eine freie Flugbahn, sodass der Flugverkehr ohne erschwerende Navigationsmanöver ablaufen kann. Ungünstig ist es natürlich, sollte man es sich wie Herr Richter mit einer Zeitung und einem kühlen Getränk in der Einflugschneise der Bienen im Liegestuhl gemütlich machen wollen. An dem kleinen Einflugspalt direkt unter den Dachbrettern des Schuppens kann man auch schon die ersten mit Pollen bepackten Bienen bei ihrer Rückkehr von den in der Umgebung momentan zahlreich blühenden Obstbäumen sehen.

Auch im späteren Jahresverlauf sollten sie in den angrenzenden Gärten, den im Dorf zahlreich vorkommenden Linden und den nicht allzu weit entfernt stehenden Brombeerbüschen am Waldrand ausreichend Nahrung für sich und ihre Brut finden.

Die kleine hölzerne Schuppentür öffnet sich mit einem leisen Quietschen an den bereits leicht rostigen Türscharnieren. Schon beim ersten vorsichtigen Blick in den Schuppen ist die etwa fußballgroße Bienentraube an der vorderen oberen Ecke des kleinen Holzdaches zu sehen. Aus der eng aneinandergedrängten Bienenmenge lugt hier und da tatsächlich schon ein kleines Stück des noch reinweißen, neu errichteten Wabenbaus hervor. Das Volk hat anscheinend keine Zeit verschwendet und sogleich mit dem Bau seines neuen Wachsgerüstes begonnen.

Im unteren Teil der Bienentraube sind erneut zahlreiche mit ihren Beinchen ineinander verhakte herunterhängende Bienen zu beobachten. Hier muss es sich um die Baubrigade des Volkes handeln. Die kleinen mit den Wachsdrüsen produzierten Wachsblättchen werden nach oben hin weitergereicht, um dann am unteren Teil der neu entstehenden Wabe mit den Mundwerkzeugen der Baubienen in hexagonaler Form zu neuen Zellen zusammengefügt zu werden. Hier gilt es für die Bienen, besonders bei Neugründung eines Staates keine Zeit zu verlieren, um möglichst schnell neuen Platz für Brut und Honigvorrat zu schaffen.

Bei dem Gedanken, die Bienen gleich von den gerade erst so eifrig erbauten Neuwaben abfegen und das kleine architektonische Wunderwerk anschließend abschneiden zu müssen, kommt schon etwas Wehmut auf. Doch nützt es nichts. Frau und Herr Richter werden sich auf solch ein tierisches »Nachbarschaftsexperiment« sicher nicht einlassen wollen.

Da die Bienen bereits fest am Holz des kleinen Daches sitzen und schon die ersten Waben angebaut haben, müssen die Damen von dort nun möglichst vorsichtig mit dem feinen, extra für diesen Zweck mit besonders weichen Borsten versehenen Bienenbesen in einen Eimer gekehrt werden. Dabei muss besonders behutsam vorgegangen werden, um durch den Abkehrvorgang möglichst keiner Biene und vor allem nicht der Königin Schaden zuzufügen. Auch sollte man dies in aller Ruhe und ohne Hektik durchführen, um ein allzu starkes Auffliegen der Bienen zu verhindern. Ein leichtes Bespritzen der Bienentraube mit dem Wasserzerstäuber, um die Bienen etwas zu beruhigen und am Auffliegen zu hindern, kann hierbei ebenso hilfreich sein. Ohne die Aufmerksamkeit der bewaffneten kleinen Flieger hervorrufen zu wollen, wird nun vorerst der langsame Rückzug aus dem Geräteschuppen angetreten, um zunächst alle für den Wiedereinfang benötigten Utensilien aus dem Bus zu holen.

Sichtlich angespannt und scheinbar ohne jegliche Regung stehen Frau und Herr Richter immer noch hinter der sicheren Glasscheibe ihres Wintergartens – als wären sie einem Wachsfigurenkabinett entsprungen. Beide scheinen einfach der Dinge zu harren, voller Hoffnung, dass die Angelegenheit bald geregelt sein wird.

Ohne viel Zeit zu verlieren, wird jetzt zunächst die mitgebrachte Bienenkiste sowie der Eimer samt Wassersprühflasche und Bienenbesen aus dem Auto hinter den Geräteschuppen gebracht.

Wohl ahnend, dass in nächster Zeit nichts Spannendes für ihn passieren wird, hat es sich der Hund inzwischen ruhig hechelnd auf seinem zugewiesenen Platz auf der Wiese gemütlich gemacht.

Kurzes Durchatmen

Das gleichmäßige ruhige Summen der Bienen im Schuppen und der dezent in der Luft liegende typische Bienengeruch nach Wachs, Propolis und frisch eingetragenem Honig wirken nach erneutem Eintritt in den Holzschuppen sogleich beruhigend.

Das angenehme Halbdunkel sowie die Stille des kleinen Raumes laden förmlich zum kurzen Innehalten und Durchatmen ein. Das unwiderstehliche Angebot der alten, im hinteren Teil des kleinen Schuppens stehenden Holztruhe, auf ihr Platz zu nehmen, um mal eine Minute zu verschnaufen, ist einfach zu verlockend, um nicht kurz angenommen zu werden.

Die atmosphärische Ruhe im Einklang mit dem leisen Summen der Bienen sowie dem Duft nach altem Holz vermischt mit den Düften des Bienenvolkes wirkt, als wäre man kurz in einer Badewanne untergetaucht und die sonst so laute Umwelt dränge nur noch gedämpft zu einem durch. Ein paar tiefe Atemzüge der Ruhe und Entspannung können nicht verkehrt sein, bevor es an die Bienen geht.

Das innere Widerstreben, die sich gerade erst am Schuppendach angesiedelten Bienen von ihrem neu erbauten Wabenwerk fegen und so die Harmonie der Abläufe im Volk komplett umkrempeln zu müssen, verstärkt sich. Lediglich der Gedanke, dass das Bienenvolk ja nicht verloren geht, sondern bei den anderen Bienen am Bienenstand auf der kleinen Wiese am Hang ein neues Zuhause bekommen wird, tröstet dabei ein wenig.

Mit geschlossenen Augen kommt es einem so vor, als wäre man in einen Bienenkasten geschlüpft – als wäre man für kurze Zeit selbst Teil des Bienenvolkes. Und irgendwie ist man das hier ja auch. Jedoch wohl nur solange man keine hektischen Bewegungen vollführt. Denn dann würden die Bienen einem vermutlich recht schnell klarmachen, dass sie keinesfalls beabsichtigen, ihren Rückzugsort mit einer fremdartigen Spezies teilen zu wollen.

Leider kann dem Wunsch, hier noch länger mit geschlossenen Augen sitzen zu bleiben, um die wohltuend-ruhige Atmosphäre in dem kleinen Holzschuppen noch etwas genießen zu können, nicht ewig nachgegangen werden. Denn auch der heutige Tag wird – so wie die zahlreichen Tage zuvor und wohl auch die noch kommenden Tage – vermutlich nur 24 Stunden haben. Obwohl noch nicht einmal dies hundertprozentig festzustehen scheint. Ein etwas gelangweilt klingender Moderator verkündete vor einigen Tagen aus den Lautsprechern des in der Küche stehenden alten Radios, dass sich die Erde in letzter Zeit tatsächlich um wenige Millisekunden schneller gedreht haben soll, als es die Messungen in den Vorjahren ergeben hatten. Warum dies so ist, ließe sich nur schwer sagen. Eventuell hängt es mit bestimmten Kopplungsmechanismen zwischen Erdkern und Erdmantel zusammen. Dabei sollte sich die Erdrotation durch das zunehmende Abschmelzen des an den Polen in Eis gespeicherten Wassers in die Ozeane eigentlich verlangsamen. Wie bei einer Eiskunstläuferin, die durch das Ausstrecken ihrer Arme und der damit verlagerten Rotationsmasse nach Außen ihre Drehung verlangsamen und umgekehrt auch beschleunigen kann, sollte sich auch die Erde durch das Ausbreiten der Wassermassen von den Polen in die Ozeane in der Rotation verlangsamen. Doch zeigen die überaus genauen Messergebnisse seltsamerweise das Gegenteil. Tatsächlich scheint sich die Erde in den letzten Jahren immer schneller gedreht zu haben. Dadurch kann es wohl sogar zu Problemen bei der Navigation mit GPS-gesteuerten Geräten kommen.

Wenn die Erdrotation und die überaus präzise laufenden Atomuhren nicht mehr ausreichend synchronisiert sind, könnte dies sogar zu Störungen bei globalen Navigationssystemen führen, die auf millisekundengenaue Daten angewiesen sind und in der Folge die Position eines Empfängers auf der Erde falsch orten würden.

Sollte diese Entwicklung so weitergehen, müsste wohl nicht wie schon des Öfteren eine positive Schaltsekunde, sondern erstmals in der Geschichte eine negative Schaltsekunde in unser Zeitsystem eingefügt werden. Eine Art Nullzeit, eine Sekunde, die wie ein schwarzes Loch ins Nichts führt. Eine in Raum und Zeit verlorene Sekunde.

Für derlei Gedankengänge bleibt momentan jedoch leider keine Zeit. Schließlich warten Frau und Herr Richter in ihrem Wintergarten vermutlich immer noch mit gespannt-starrem, auf den kleinen Geräteschuppen gerichtetem Blick auf den Einfang des sich hier so überaus bequem eingenisteten Bienenvolkes.

Umsiedlung

Um die Bienen beim Abkehren von den Waben vom Auffliegen abzuhalten, wird nun der Schwarm zunächst von außen mit etwas Wasser aus dem Wasserzerstäuber benetzt. Wie Regen auf einer Fensterscheibe perlen die überschüssigen Wassertropfen von den Bienenkörpern ab und fallen auf den staubigen Bretterboden des Schuppens. Jetzt kann damit begonnen werden, die Bienen ganz behutsam mit den weichen Borsten des Bienenbesens in den darunter gehaltenen Kunststoffeimer zu kehren. Geht man hierbei ruhig und langsam vor, erweckt es fast den Eindruck, als würden die Bienen den Vorgang kaum registrieren, als wären sie aus Versehen von allein heruntergefallen. Sanft, wie vom Auto abgekehrter Schnee, fallen sie in den Eimer, wo sie schon nach wenigen Sekunden instinktiv versuchen, die glatten Wände zu erklimmen – eine homogene, lebendige Masse, wie ein Teppich aus Bienen, der sich auf wundersame Art und Weise verformen und fortbewegen kann. Ein kurzes Rütteln und ein wenig Wasser aus dem Wasserzerstäuber lassen sie wieder am Boden des Eimers landen.

Kaum sind die ersten Bienen abgekehrt, zeigt sich auch schon der frisch von ihnen errichtete und noch schneeweiße Wachsbau. Ganz oben in den zuerst an die Decke des Bretterdaches gehefteten Zellen ist tatsächlich schon der erste Honig zu sehen. Zwar sind erst wenige Zellen halbvoll mit dem gelblich glänzenden Nektar befüllt, doch ist es beeindruckend zu sehen, wie schnell das Volk wieder seine Sammelaktivität aufgenommen hat und sofort dafür sorgt, ausreichend Blütennektar für Schlechtwettertage vorrätig zu haben.

Unter den Honigzellen, etwa im mittleren Bereich der Wabe, sind tatsächlich bereits einzelne Zellen mit von der Königin frisch gelegten Eiern darin zu sehen. Als hätte jemand mit einer

Pinzette winzig kleine Reiskörner auf die Böden der Zellen gelegt. Durch die noch helle Färbung der frischen Wabe sind sie hier besonders gut erkennbar.

Fast schon schmerzt es, die nun äußerste erste Wabe mit dem Messer von der Decke des Schuppens schneiden zu müssen. Zurück bleiben ein paar klebrige Honigreste an der Stelle, wo vorher die Wabe gehangen hatte. Instinktiv stürzen sich die noch an der Decke verbliebenen Bienen auf den nun brachliegenden Honigvorrat. Gerade bei relativ kleinen Völkern kann es vorkommen, dass sie von stärkeren Völkern aufgrund ihres begehrten Futtervorrats angegriffen und ausgeplündert werden, weswegen es für die Bienen wichtig ist, den Geruch offenen Honigs möglichst zu vermeiden. Was dann von so einer »Räuberei« übrig bleibt, sind oft Hunderte tote Bienen am Boden der überfallenen Behausung, die im Kampf um das begehrte Gut ihr Leben lassen mussten. Meist ereignet sich ein derartiger Überfall eher im späteren Jahresverlauf, wenn das Nektarangebot der Natur bereits stark zurückgegangen ist. So muss gerade im Spätsommer ganz besonders darauf geachtet werden, bei den Arbeiten an den Bienenvölkern möglichst keinen Honig zu verkleckern, denn dies könnte die Bienen dazu animieren, sich auf der Suche nach Futter gegenseitig anzugreifen und auszuräubern. Je stärker ein Volk ist, desto schwieriger wird es natürlich für andere Bienen, an dessen Honigvorräte zu gelangen. So werden meist auch nur schwache und wenig abwehrbereite Völker angegriffen. Achtet man an den Bienenstöcken auf ein sauberes Arbeiten, kommt es jedoch ohnehin eher selten zu derlei räuberischen Übergriffen. In der Regel entspricht es auch mehr der Natur der Bienen, sich gegenseitig in Ruhe und Frieden leben zu lassen. Ein gut nachvollziehbares Verhalten, welches zum Fortbestehen der Art an sich sicherlich ebenso von Vorteil ist.

Mit einem leichten Pusten werden die noch vereinzelt auf der gerade abgeschnittenen Wabe sitzenden Bienen mit in den Eimer befördert. Die nun bienenleere Wabe wird zunächst zur Seite gelegt und die im Eimer befindlichen Bienen in die auf dem Boden des Geräteschuppens vorab bereitgestellte Bienenkiste geschüttet. Jetzt nur schnell den Deckel auf die Holzkiste schieben, damit möglichst keine Biene wieder entfliehen kann. So folgt nun gleich die nächste Wabe. Wieder werden die Bienen möglichst langsam und behutsam in den Eimer abgekehrt und die Wabe mit dem Messer von der Decke geschnitten. Zur Mitte hin werden die Waben immer größer. Auf irgendeiner dieser Waben wird wohl auch die Königin umherkrabbeln. Da nicht sicher ist, auf welcher Wabe sich die Bienenkönigin gerade herumtreibt und sie in dem Bienengewirr nur sehr schwer auszumachen ist, muss jede Wabe mit äußerster Vorsicht behandelt werden, um der Königin nach Möglichkeit keinen Schaden zuzufügen.

Sobald eine Wabe abgeschnitten und durch behutsames Abfegen von den letzten verwirrt darauf herumkrabbelnden Bienen befreit wurde, werden die im Eimer befindlichen Bienen mit in die Holzkiste geschüttet. Ganz vorsichtig wird hierfür der Deckel kurz ein Stück zur Seite geschoben, um die Bienen behutsam mit hineinrutschen zu lassen.

Mehr als nur Bienen

Durch das langsame und ruhige Vorgehen scheinen die noch an der Decke des kleinen Schuppens verbliebenen Bienen kaum Notiz von dem Geschehen um sich herum zu nehmen. Wie kleine Roboter, völlig versunken in ihre momentane Aufgabe, gehen sie, des Eingriffs kaum gewahr werdend, teils einfach weiter völlig ungestört ihren Arbeiten nach. Hier eine Biene, die offensichtlich fleißig weiter am Ausbau der Waben arbeitet und versucht, ein kleines, frisch ausgeschwitztes Wachsblättchen mit ihrem Mundwerkzeug an dem neu entstehenden Wachsbau anzubringen. Dort eine Biene, die mit der Brutpflege beschäftigt ist und ihr Köpfchen samt dem halben Körper in eine bereits mit einem Ei bestiftete Zelle steckt, um zu überprüfen, ob alles in Ordnung ist oder ob es dem dort am Boden liegenden Ei an irgendetwas mangelt. Und da zwei Bienen, die über ihre Rüssel Nektar austauschen.

Stundenlang könnte man so die auf den frisch gebauten Waben herumwuselnden Bienen beobachten, wenn nicht die Zeit und das Bewusstsein über das vermutlich draußen schon ungeduldig wartende Ehepaar im Nacken sitzen würden. Ein kurzer Augenblick der faszinierten Beobachtung sollte jedoch vergönnt sein. Scheint doch jede einzelne Biene ihre eigene kleine Geschichte zu erzählen. Jede etwas unterschiedlich von der anderen und doch gemeinschaftlich ein Gesamtes ergebend. Als würden alle Bienen zusammen einen übergeordneten Organismus bilden – wie die einzelnen Zellen eines Lebewesens eine für die Einzelteile nicht wahrnehmbare Gesamtheit ergeben. Durch biologische Vorgänge und Gesetzmäßigkeiten im Inneren mit unterschiedlichen Aufgaben betraut und doch im Grunde alle gleich und im Perspektivwechsel einen komplexen Gesamtorganismus bildend. Mit Eigenschaften, welche letztlich auf der Gesamtheit dieser vielen einzelnen und doch in einem größeren Wirkungsgefüge zusammenspielenden Bienenkörper beruhen.

In der Imkerei spricht man nicht ohne Grund vom »Bien« als Gesamtheit aller Bienen eines Bienenvolkes. Wobei der Begriff den Organismus als Ganzes mit all den ihm innewohnenden Eigenschaften eines Lebewesens bezeichnet.

Wie Zellen eines Körpers übernehmen auch die einzelnen Bienen im Organismus Bienenvolk unterschiedliche Aufgaben, doch sind alle voneinander abhängig und bilden nur im Zusammenspiel eine überlebensfähige Einheit. Eine Einheit mit einer kollektiven Intelligenz, die Entscheidungsprozesse, wie sie zum Beispiel bei der Suche nach einem neuen Nistplatz nötig sind, ganz ähnlich wie in einem Gehirn ablaufen lassen.

So kann man durchaus Parallelen zwischen dem Bien als Gesamtheit aller Bienen und einem Säugetier, wie wir es zum Beispiel darstellen, erkennen. Ebenso wie Säugetiere versucht auch der Bien, eine konstante Körpertemperatur zu halten, wobei er sich unterschiedlicher Möglichkeiten der Abkühlung sowie der Erwärmung bedient. Ähnlich dem Zittern eines Säugetiers sorgen die Heizerbienen durch die schnellen Vibrationen ihrer Flugmuskulatur für ausreichend »Körperwärme«. Im Sommer hingegen »schwitzt« das Volk, indem extra herangebrachtes Wasser verteilt und verdunstet wird. Stimmt der Kohlendioxidgehalt oder die Luftfeuchtigkeit im Bienenstock nicht, versuchen einzelne Bienen mittels eines durch heftiges Flügelschlagen erzeugten Luftstroms das Stockklima wieder in optimale Werte zu bringen. Und ähnlich wie Säugetiere ihre Jungen mit perfekt auf die Bedürfnisse des Nachwuchses zusammengesetzter Milch versorgen, versorgt der Bien seine Jungen mit ideal auf deren Bedürfnisse eingestelltem, milchig-weißem Futtersaft. Sogar die Vermehrungsrate durch den Vorgang des Schwärmens ist ähnlich niedrig wie die von Säugetieren. Tritt eine Futterkrise ein, wird der verbliebene Futtervorrat gleichmäßig unter allen Bienen der Kolonie aufgeteilt. So erhält jede Biene einen kleinen Teil vom letzten Rest der Futterreserven, bis diese aufgebraucht sind. Kommt es zu Nahrungsengpässen, hungert der Bien als Ganzes – kommt es zum Verhungern, sterben alle zusammen. Und ebenso wie die Zellen eines Säugetierkörpers über Hormone miteinander kommunizieren und Informationen austauschen, stehen auch die einzelnen Bienen des Biens über Pheromone im ständigen Informationsaustausch und bilden so eine lernfähige Einheit, welche auf sich ändernde Umweltbedingungen als Gesamtorganismus reagieren kann. Ein Gesamtkomplex, dessen einzelne Teile wie die einzelnen Zellen eines Körpers allein nicht mehr überlebensfähig wären. Ähnlich wie eine einzelne Körperzelle ohne ihr Zellkollektiv recht schnell sterben würde, würde auch eine Honigbiene ohne die anderen Bienen ihres Volkes recht schnell eingehen.

So wie sich in der Evolution Einzeller irgendwann zu einem organisierten und komplexeren Verbund zusammengefunden haben und diese durch universelle Gesetzmäßigkeiten gesteuerte Entwicklungsgeschichte letztlich sogar Organismen wie beispielsweise einen Elefanten oder einen Mistkäfer hervorgebracht hat, haben sich im Laufe der Zeit auch Bienen zu einem hochkomplexen Superorganismus vereinigt, dessen kollektive Vorteile sich nun schon über Millionen von Jahren bewährt haben.

Der Zusammenschluss vieler Einzelorganismen zu einem höhergestellten, komplexeren Organismus scheint ein streng durch die Zeit verlaufender Plan der Natur zu sein. Und wer weiß, vielleicht sind auch wir als Menschen gerade dabei, ähnlich wie sich Bakterien vor sehr langer Zeit zu einer als Gesamtheit agierenden Einheit zusammengeschlossen haben, uns zu einem höhergestellten Gesamtorganismus zu verbinden, welcher besser in der Lage ist, auf die Herausforderungen der Zukunft zu reagieren, als die kleinen für sich gestellten einzelnen Teile es jemals könnten. Nimmt nicht auch unser Vernetzungsgrad und der damit verbundene Informationsfluss untereinander in rasanter Geschwindigkeit immer mehr zu? Stehen wir nicht auch in einem immer effektiveren globalen Austausch miteinander und können so neue Informationen und Waren immer schneller untereinander austauschen, ähnlich den Bienen eines Bienenstocks, die ebenso im ständigen Informationsaustausch über den Zustand des Volkes stehen und alle Güter untereinander austauschen und aufteilen? Bietet uns das Internet nicht Chancen des Austauschs, wie wir sie vorher nie hatten? Und ist der technische Fortschritt damit nicht auch ein zwangsläufig stattfindender Evolutionsschritt im Prozess des Zusammenfindens? Wie lange wird es noch dauern, bis unsere Gehirne mit ihren Gedanken und Gefühlen im direkten Austausch miteinander stehen, ohne umständliche Werkzeuge wie Bildschirme, Tastaturen oder Handys? Welche unendlichen Chancen und Gefahren werden uns zukünftige Supercomputer wie Quantencomputer liefern? Ist der Gedanke schön oder beängstigend, dass wir als einzelne Individuen immer mehr zu einem Gesamtkollektiv verschmelzen? Wie hoch ist die Gefahr, dass dabei ein großer Teil der persönlichen Individualität verloren geht?

Beim Betrachten des hier in dem kleinen Gartenschuppen hängenden Bienenvolkes scheint der Gedanke, nicht mehr einzeln, sondern als soziale Gemeinschaft agieren zu können, eher angenehmer Natur zu sein. Frei von egoistischen Ansprüchen, aufgehend in den Zielen der Gesamtheit und trotzdem basisdemokratisch mitbestimmender Teil des Ganzen. Ein Gedanke, welcher eine gewisse Ruhe auszustrahlen vermag.

Ein seltener Anblick

Beim weiteren Abnehmen der restlichen noch am Schuppendach verbliebenen Waben fällt plötzlich eine besonders große Biene mit ausgeprägt-langem Hinterleib ins Auge – die Königin des Volkes!

Selbst wenn man im Sommer fast die gesamte Zeit mit den Bienen zu tun hat, bekommt man recht selten eine Bienenkönigin zu sehen. Meist geht sie im Gewusel der sie zu Tausenden umgebenden Arbeiterinnen unter, sodass es oft schon einer genauen Suche bedarf, um sie zu finden. Mit ihren langen Beinen bewegt sie sich geschickt, auf den Rändern der Zellen balancierend, über die Wabe. Momentan scheint sie jedoch etwas aufgeregt Schutz zu suchen. In den seltenen Fällen, in denen man auf einer gezogenen Wabe doch einmal zufällig die Stockmutter eines Volkes ausmachen darf, kann es durchaus vorkommen, dass man sogar die Gelegenheit erhält, die Königin beim Eierlegen beobachten zu können. Inspizierend von Zelle zu Zelle laufend – suchend, in welche Zelle noch ein Ei gelegt werden könnte, um anschließend ihren langen Hinterleib in eine noch leere Zelle zu stecken und ein frisches Ei auf dem Boden selbiger abzulegen. Im Grunde tut sie den ganzen Tag nichts anderes. Doch als außenstehender Beobachter live dabei sein zu können, wie die Königin völlig unbeeindruckt instinktiv ihrer Aufgabe nachgeht, ist selbst nach vielen Jahren als Imker immer wieder aufs Neue spektakulär. In diesem Fall jedoch scheint sie von ihrer Ungestörtheit nicht ganz so überzeugt zu sein. Etwas unruhig wirkend, läuft sie auf der Wabe umher. Um sicherzugehen, sie durch das Abkehren der Wabe mit dem Bienenbesen nicht noch mehr in Aufregung zu versetzen oder sie eventuell gar zu verletzen, hilft es vielleicht, sie auf eine kleine, bereits abgeschnittene und abgekehrte Wabe laufen zu lassen, um sie so sicher und separat mit in die auf dem Boden stehende Bienenkiste umzusetzen. Tatsächlich geht sie nach nur wenigen Sekunden auf die in ihrer Laufrichtung angehaltene kleine Wabe über. Jetzt nur schnell den Deckel der Bienenkiste etwas beiseiteschieben und die Wabe sachte an den oberen Rand der neuen Behausung halten. Kaum dass die Königin den vertrauten Geruch ihres Volkes aufgenommen hat, flüchtet sie auch schon in das Schutz versprechende Dunkel der Bienenkiste, um möglichst schnell in der Bienenmasse ihres Volkes unterzutauchen.

Nachdem die Königin sowie fast alle Bienen des Volkes in die mitgebrachte Bienenkiste umgesiedelt sind, muss nun nur noch die letzte an der Holzdecke des Schuppens hängende Wabe abgenommen werden, auf welcher die wenigen verbliebenen Bienen jetzt völlig verwirrt und aufgeregt über die Zellen laufen. Auch sie werden vorsichtig in ihr neues Heim zu den anderen Bienen des Volkes in die schützende Kiste überführt.

Nun heißt es Sachen packen, um Königin und Gefolgschaft an ihren neuen Standplatz auf den Wiesenhang am Haus zu den anderen Bienenvölkern zu bringen, wo sie die nächsten Tage an den in voller Blütenpracht stehenden Bäumen der Streuobstwiese neue Kraft tanken können.

Vorsicht ist besser als Nachsicht

Nach Austritt aus dem jetzt »bienensicheren« Geräteschuppen kommt sogleich der Hund schwanzwedelnd entgegengeeilt und wird für sein gehorsames Warten zunächst mit einem Leckerli, welches für derlei Zwecke immer im Handschuhfach des alten Busses auf ihn wartet, belohnt.

Vereinzelt sitzen noch Bienen außen am Bienenkasten. Es wird wohl klüger sein, diese abzufegen, bevor der Kasten in den Bus gestellt wird. Einzeln im Gesicht herumfliegende Bienen sind, wie man sich leicht vorstellen kann, äußerst unpraktisch für eine sichere und ruhige Fahrzeugführung, weswegen man versuchen sollte, möglichst wenige im Auto frei umherfliegende

Bienen im Straßenverkehr mitzuführen. Ebenso dringliche Beachtung sollte auch der Ladungssicherung zuteilwerden. Kann es bei unvorhergesehenen schärferen Bremsmanövern doch auch schon mal passieren, dass so ein Bienenkasten ins Rutschen kommt oder gar umkippt. Hierbei sollte vorab auf jeden Fall gesichert sein, dass dabei dann nicht der Deckel der mitgeführten Bienenbehausung verrutschen kann oder sich sonst irgendein Notausgang für die Bienen auftut und ihnen damit die ungehinderte Einnahme des Autoinnenraums ermöglicht wird. Die reine Vorstellung, dass sich die Beifahrerzahl während der Fahrt schlagartig um Zehntausende Bienen erhöht, löst ein sicher nachvollziehbares Unwohlsein aus.

Deswegen wird es besser sein, zunächst einen Spanngurt um die gesamte Bienenkiste zu schnallen. So kann diese auch bei größeren Stößen nicht so schnell aufgehen und die Gefahr, während der Fahrt einen Nothalt einlegen und aus panischer Flucht vor den Bienen Hals über Kopf das Auto verlassen zu müssen, ist wesentlich minimiert.

Inzwischen hat sich auch das Ehepaar Richter hinaus auf die Terrasse vor ihren Wintergarten getraut. Herr Richter scheint nun auch davon abgekommen zu sein, weiterhin gefrorenen Brokkoli auf die Einstichstelle seines Arms zu halten. Stattdessen hat er selbigen nun freudig-tröstend um die Schultern seiner jetzt erleichtert lächelnden Frau gelegt. Beide scheinen sichtlich zufrieden damit zu sein, dass sich die »gefährlichen« Bienen inzwischen im Auto und nicht mehr im Geräteschuppen befinden. Dem Bienenvolk wird dieser Umzug leider eher nicht so gut gefallen. Doch nützt es nichts. Der hölzerne Geräteschuppen mag den Bienen zwar attraktiv erschienen sein, ist aus den Gartennutzungsvorstellungen der Richters heraus jedoch eher ungeeignet für eine längerfristige Ansiedlung.

Teil 3

Abend

Ein wunderbarer Flecken Erde

Nach dem Einladen der restlichen noch im Gartenschuppen verbliebenen Utensilien und einer kurzen Verabschiedung von Frau und Herrn Richter geht es mit dem alten Bus wieder zurück in Richtung des Walddörfchens auf halber Höhe des Berges.

Ein Zwischenstopp muss bei dieser Gelegenheit allerdings noch eingelegt werden. Wenn man schon in der Nähe ist, sollte wenigstens noch ein kurzer Abstecher zu den Ablegervölkern gemacht werden, die hier in der Nähe auf einer im Wald versteckten Wiesenlichtung stehen.

Direkt nach dem schmalen Bergbach, über dessen alte Steinbrücke der Bus jetzt mit viel Geklapper zurückholpert, folgt eine kleine Birkenallee, deren Bäume inzwischen durch die bereits recht niedrig stehende Sonne weit auslaufende Schatten werfen. Der Tag neigt sich langsam dem Ende entgegen.

Mühsam und langsam quält sich der alte Bus die steile und kurvige Straße durch den Wald den Berg hinauf.

Ein unscheinbarer Waldweg nur, dessen Einfahrt von der Straße aus durch den dichten Randbewuchs höchstens zu erahnen ist, führt zu der abgelegenen Wiesenlichtung im Wald. Der durch die Unebenheiten des unbefestigten Weges von einer zur anderen Seite schwankende Bus schabt mit seinen Flanken immer wieder gefährlich dicht an den Weißdornbüschen entlang, die den Fahrweg zunehmend überwuchern. An den kleinen, auf den Zweigen überaus zahlreich ausgetriebenen, weißlich leuchtenden Blüten sieht man bereits im Vorbeifahren vereinzelt die ersten Hummeln und Honigbienen, die durch das laute Auto bei ihrer Nektarsuche gestört davonfliegen.

Nach etwa fünfzig Metern öffnet sich der enge und nur sehr langsam befahrbare Waldweg und man findet sich plötzlich auf einer von Wald umsäumten und mit Wildblumen übersäten Wiesenlichtung wieder, wie man sie in dieser Form nur noch selten zu sehen bekommt. Das sich nun rötlich färbende Abendlicht hüllt etwa zwei Drittel der Fläche in ein zauberhaftes Leuchten, welches die Wiese fast wie aus einem Märchen entsprungen wirken lässt. Das restliche Drittel ist bereits vom Schatten der mächtigen am Rand der Lichtung stehenden Bäume mit einem geheimnisvollen Dunkel bedeckt. Fast scheint es, als würden die alten Baumriesen die kleine Waldwiese verstecken wollen – als wären sie die Wächter dieses kleinen Paradieses.

Auf dem hinteren, bereits verdunkelten Teil der Wiese steht ein schon seit Jahren nicht mehr benutzter alter Jägerhochstand, von dessen Besteigung über die schon sehr morschen Leitersprossen jedoch eher abzuraten ist.

Die kleine Lichtung wird jedes Jahr nur einmal gegen Ende des Sommers gemäht, um einer Verbuschung entgegenzuwirken und sie so als Offenfläche für das Ökosystem Wald erhalten zu können. Ohne die Pflege würden sich die überall am Wiesenrand stehenden Weißdornbüsche vermutlich recht schnell über die gesamte Fläche ausbreiten und so der Verwaldung der

Wiese Stück für Stück die Tür öffnen. Durch das äußerst zurückhaltende Mähen und den völligen Verzicht auf künstlichen Dünger konnte hier eine Blumenvielfalt entstehen, die nicht nur für das menschliche Auge schön anzusehen ist, sondern auch der örtlichen Biodiversität, vor allem der von Schmetterlingen, Hummeln sowie zahlreichen anderen fliegenden, krabbelnden und kriechenden Insekten, zugutekommt.

Der kleine Bienenstand auf der dem alten Jägersitz gegenüberliegenden Seite der Lichtung steht nun im vollen Licht der langsam untergehenden Abendsonne. Im Kontrast zum dunklen Hintergrund des Waldes kann man die noch zahlreich an den Bienenkästen herumfliegenden Bienen gut erkennen.

So allein am Waldrand auf der bunten Blumenwiese stehend und in das rote Licht der Abendsonne getaucht, gibt der Bienenstand beinahe ein Bild wie einer kitschigen Postkarte entnommen ab.

Erst jetzt, nach Abschalten des Motors, fällt der intensive Klang der zahlreichen Vogelstimmen auf der Lichtung auf. Aus jeder Ecke der angrenzenden Büsche und Bäume kommt der abendliche Gesang eines anderen Vogels. Als hätten sich alle ortsansässigen Vögel hier heimlich verabredet, um einen Gesangswettbewerb abzuhalten. Ein Konzert, welches die Natur in seiner sanften Feinheit nicht besser hätte abstimmen können auf den angenehm-zarten Duft des Frühlings, verursacht durch die in voller Blüte stehenden Weißdornhecken rings um die in rötliches Abendlicht getauchte Wiesenlichtung.

Über die mit kleinen blauen Ehrenpreisblüten übersäte Wiese fliegen zahlreiche kleinere und größere Insekten. Schaut man genauer hin, kann man überall am Rand des rings um die Lichtung führenden Weges winzige gelb-blaue, äußerst grazil wirkende Veilchenblüten entdecken. Die zahlreich überall auf der

Wiese verteilt stehenden Schlüsselblumen sind mit ihrem relativ hoch aufstehenden Halm hingegen leicht auszumachen.

Hier eine dicke Hummel auf der Suche nach Nektar, den Blütenstand einer Taubnessel mit ihrem Gewicht ins Schwanken bringend und dort zwei Zitronenfalter sich gegenseitig im Zickzackflug über die Wiese jagend. Gäbe es nur noch mehr dieser zauberhaften Orte. Orte, deren Wert finanziell überhaupt nicht bemessen werden kann. Wie schön wäre es, könnten wir wenigstens einen Teil der riesigen Flächen von tristen Monokulturäckern wieder in solch wunderbare Biotope zurückverwandeln.

Anstatt die Flächen für den Futtermittelanbau einer übertrieben aufgeblähten Fleischindustrie zu verwenden, könnten wir diese durch die Anlage von Teichen, Wildblumenwiesen und Wäldern zurückverwandeln in Orte, die so unendlich viel wertvoller für uns sein könnten.

Leider geschieht global das Gegenteil und der Hunger der Welt verschlingt immer mehr dieser wundervollen Stellen ursprünglicher Natur. Objektiv betrachtet ist es zwar nur eine Waldlichtung, doch gefühlt ist diese so viel mehr. Eine Kostbarkeit, wie man sie nur selten noch findet. Eine Wiese wie ein gehütetes Geheimnis, umgeben von dichtem Wald, sich verbergend vor dem weltweit voranschreitenden Raubbau rings um sie herum.

Abendliche Aufregung

Kaum aus dem Auto gesprungen, schmeißt sich der Hund sogleich rücklings auf den Boden und beginnt sich genüsslich auf der Wiese herumzuwälzen, als wolle er den Duft der Wiese in sein Fell aufsaugen. Wie eine Schlange windet er sich so auf dem Rücken liegend und mit in die Luft gestreckten Beinen auf der Wiese, bis er – anscheinend äußerst beglückt über seine Tat – aufsteht und nach ausgiebigem Schütteln des Fells erwartungsvoll hechelnd dreinschaut. Seine hoffnungsvollen Augen nicht enttäuschen wollend, geht es noch eine kurze abendliche Gassirunde auf dem kleinen Weg um die Wiesenlichtung herum. Hier im Wald, wo es an jeder Stelle nach frischen Wildspuren riecht, wird es wohl besser sein, ihn an die Leine zu nehmen. Zu schnell könnte er die Witterung eines gerade im Buschwerk verkrochenen Hasen oder eines beim Heranfahren des alten Busses scheu davongelaufenen Rehs aufnehmen.

Mit der Nase am Boden, den Weg immer wieder von links nach rechts kreuzend, läuft der Hund jetzt mit starkem Zug an der langen Laufleine voraus. Allerhand tierische Gerüche steigen im in die vor Aufregung vibrierende Nase.

Und tatsächlich! Urplötzlich sprintet ein Hase nur wenige Meter entfernt mit Höchstgeschwindigkeit aus seinem Versteck in der Wiese in Richtung der Weißdornhecken davon. Nur mit Kraft ist der am anderen Ende der Leine auf den Hinterpfoten stehende und vor Aufregung fiepende Hund noch zu halten. Nur zu gern würde er dem kleinen Mümmelmann hinterherrennen. Am Ende würde er ihn zwar ohnehin nicht bekommen, doch kann er schlicht nicht aus seiner Haut. Zu tief steckt der Jagdtrieb in ihm. Froh darüber, den Hund angeleint zu haben, wird die Runde jetzt zügig beendet.

Die Chance auf eine ruhige und gemütliche Gassirunde ist nach dem plötzlichen Erscheinen des Hasen jetzt ohnehin auf null gesunken. Die innere Aufregung des Hundes ist einfach zu groß. Ein Ausflug in die dornige Hecke hätte letztlich wohl auch ihm nicht allzu viel Freude bereitet.

Flug ohne Farbe

Die im letzten Sommer hier als Ableger hingestellten Bienenvölker scheinen sich gut entwickelt zu haben. Trotz der bereits späten Tageszeit herrscht noch starker Flugverkehr an den Einflugöffnungen der Bienenkästen. Ein reges Treiben von ausfliegenden und mit dicken Pollenpaketen an den Hinterbeinen heimkehrenden Bienen. Die meisten der kleinen Flieger starten zielstrebig in Richtung der gerade in voller Blüte stehenden Weißdornhecke ab. Kaum dass sie abgeflogen sind, verliert man sie auch schon aus dem Auge. Immerhin können Bienen eine Maximalgeschwindigkeit von etwa dreißig Stundenkilometern erreichen – im Vergleich zu manchen Libellenarten, die bis zu hundert Stundenkilometer erreichen können, nicht besonders schnell. Doch sind sie im Gegensatz zu Libellen auch nicht auf die Jagd nach flüchtenden Insekten spezialisiert, sondern vielmehr auf die Suche nach nektarreichen Blüten – darin sind sie allerdings ziemlich effizient. Um ihr Gehirn während des Fluges nicht mit unnötigen Farbinformationen zu belasten, schaltet dieses ab einer Geschwindigkeit von fünf Stundenkilometern einfach die Farbwahrnehmung aus. Sprich, ab dieser Fluggeschwindigkeit sind Bienen farbenblind und die Bilder erscheinen den Bienen nur noch schwarz-weiß. Während des Fluges messen sie dabei ihre zurückgelegte Entfernung über den sogenannten »optischen Fluss«, das heißt über die an den Augen der Bienen vorbeiziehenden Bildinformationen der Umgebung, um die Entfernung zu einer lukrativen Nektarquelle nach der Rückkehr in ihr Volk beim Schwänzeltanz an die anderen Bienen weitergeben zu können. Je enger etwa Bäume und Büsche beieinanderstehen, desto höher ist der optische Fluss. So haben offene Flächen einen geringeren optischen Fluss als stark bewaldete Gebiete. Somit sind die Augen der Bienen also gleichzeitig ihre »Streckenmesser«, mit denen sie den zurückgelegten Weg auf ganz eigene Art messen können.

Bei der Beobachtung am Bienenstand fallen gelegentlich sich völlig anders verhaltende Bienen auf. Bienen, die nicht sofort zielstrebig abfliegen, sondern sich in kleinen Kreisen nur zaghaft von ihrem Zuhause zu entfernen scheinen. Dabei handelt es sich meist um Bienen, die zum allerersten Mal in ihrem Leben das Sonnenlicht und die den Stock umgebende Landschaft sehen – die Junginsekten befinden sich auf ihrem ersten »Orientierungsflug«.

Gerade in diesem Moment startet offenbar eine Biene vom Flugbrett einer Bienenkiste zum allerersten Mal in die noch fremde Umgebung. Sicher hat sie ihren Bienenstock noch nie vorher von außen gesehen. Ganz genau prägt sie sich in ihrem kleinen Bienengehirn nun jedes Detail rund um ihr Zuhause ein, um es später problemlos wiederzufinden. Beginnend mit engen Kurven um das Flugloch über immer größer werdende Umrundungen der Behausung bis hin zu schon recht weitläufigen Kreisen über den gesamten Bienenstand. Hierbei speichert sie alles ab, was sie an Anhaltspunkten für die spätere Navigation zurück in das schützende Heim sehen kann. Und auch als nicht allzu weit entfernt stehender Beobachter dieses Schauspiels wird man wohl irgendwo im Bildspeicher des kleinen Bienengehirns einen Platz als neuronales Muster finden. Wie auf einem Bild existiert jetzt eine Art biologische Fotokopie der eigenen Person in dem etwa stecknadelkopfgroßen Neuronengeflecht.

Wir sehen was, was ihr nicht seht

Die abendliche Geräuschkulisse, inzwischen verstärkt zu einem wahren Crescendo der unterschiedlichen Vogelstimmen, und der sich langsam, aber beständig nähernde Schatten der dem Bienenstand gegenüberliegenden Bäume erinnern daran, nun doch endlich aufzubrechen. Nur mit dem Wissen, morgen erneut hier sein zu dürfen, um die hiesigen Bienenvölker zu kontrollieren, ist es möglich, sich nicht allzu wehmütig von der jetzt in leuchtend rotes Abendlicht getauchten Wiesenlichtung zu verabschieden und diesen einzigartigen Ort der Natur wieder gänzlich sich selbst zu überlassen.

Sicher wird es nicht lange dauern, bis sich die ersten Rehe in der Abenddämmerung zum Grasen auf der Fläche einfinden. Des Nachts werden wohl auch die gespenstigen Rufe des Uhus über die Blumen der Wiesenfläche hallen und Mäuse im vermeintlichen Schutz der Dunkelheit zwischen den Gräsern umherhuschen. Vermutlich hat auch ein Fuchs hier sein Revier, welcher auf seinen nächtlichen Streifzügen sicher auch an der kleinen Wiesenlichtung zur Stippvisite vorbeikommen wird, um auf der Jagd nach Beute zwischen den Grashalmen sein Glück zu versuchen. Anhand der hier und da tief aufgewühlten Stellen im Boden kann man sehen, dass auch Wildschweine zu den gelegentlichen Besuchern der Offenfläche im Wald gehören, um hier in der Erde nach Nahrung zu wühlen.

Jetzt, wo noch keine Eicheln, Bucheckern oder Nüsse zu finden sind, stöbern sie mit ihrer feinen Nase nach Käferlarven oder Regenwürmern im Erdreich.

Mit Vorfreude auf den morgigen Tag und die damit verbundene Arbeit hier vor Ort wird nun der alte Bus wieder gestartet und durch das auf dem holprigen Waldweg links und rechts vorbeistreifende Gebüsch zurück auf die Straße manövriert. Durch das geöffnete Seitenfenster dringt der intensive Duft der Blühsträucher. Fast wirkt es, als würden sie, angeregt durch das rote Licht der Abendsonne, ihren lieblich-süßen Duft jetzt noch stärker verströmen. Dies mag in diesem Fall Einbildung sein, doch tatsächlich kommt es bei einigen Pflanzenarten vor, dass sie gegen Abend intensiver riechen als am Tag. Dies liegt darin begründet, dass sie in den Abend- und Nachtstunden vermehrt Nachtfalter für die Bestäubung ihrer Blüten anlocken wollen. Und dies tun sie eben durch verstärktes Absondern ihres dafür extra gebildeten Lockstoffes – des für uns so angenehm riechenden Blütendufts. Es muss sich also nicht zwingend um eine Wahrnehmungsstörung handeln, wenn man am Abend gemütlich bei einem Glas Wein auf der Veranda sitzend meint, den Duft der Blüten besonders intensiv riechen zu können.

Zurück auf der Straße muss, bedingt durch die jetzt im Wald zunehmende Dunkelheit, das Licht am Bus angeschaltet werden. Langsam bergauf fahrend streifen die Lichter an den links und rechts der Fahrbahn stehenden Bäumen entlang. Ein Reh huscht ängstlich vom Wiesenstreifen am Straßenrand zurück in den Wald und verschwindet in der mit den Augen nun kaum noch zu durchdringenden Dunkelheit zwischen den Bäumen.

Allmählich wird wohl auch die letzte noch herumfliegende Biene im Restlicht der abendlichen Sonnenstrahlen den Rückflug zu ihrem Stock angetreten haben, um dort geschützt zwischen den Waben die Nacht zu verbringen. Die kurze Ruhepause sei den Bienen gegönnt. Müssen sie doch morgen schon wieder raus, um weiter Nektar an den Blumen, Sträuchern und Bäumen der Umgebung für sich und ihr Volk zu sammeln.

Im Gegensatz zu den zahlreichen, jetzt langsam aus ihrem Versteck hervorkriechenden Nachtfaltern benötigen Bienen die Sonne zur Orientierung. Doch nicht nur, dass der Stand der Sonne für ihre Routenplanung von grundlegender Bedeutung und essenziell für die Informationsweitergabe bei ihrem Schwänzeltanz ist, sie manövrieren auch beim Fliegen hauptsächlich auf Grundlage optischer Eindrücke, wofür sie natürlich ebenso das Licht der Sonne benötigen.

Doch nehmen sie die Umwelt dabei ganz anders wahr, als wir sie sehen. So kann eine Blume für Bienen ein völlig anderes Erscheinungsbild haben, als sie in unseren Augen aussieht. Ist unser Bild der Umgebung doch auch nur ein sehr eingeschränktes und ein durch das von uns wahrnehmbare Lichtspektrum begrenztes Bild der Umwelt.

Viele Tierarten haben ein erweitertes oder verschobenes Sehspektrum, in welchem sie weitere oder andere Wellenlängenbereiche des Lichts und somit auch weitere oder andere Farben als wir wahrnehmen können. Folglich ergibt sich für sie auch ein ganz anderes Bild ihrer Umwelt. Eine Welt, die unseren Augen verborgen bleibt. So gibt es beispielsweise für uns unsichtbare Blütenmuster, die wir schlicht nicht in der Lage sind zu sehen. Auch können Bienen kein Rot sehen, doch sind dafür in der Lage, ultraviolettes Licht wahrzunehmen, welches wir wiederum nicht zu sehen vermögen. So haben die verschiedenen Blüten für Bienen häufig besonders attraktiv wirkende, für uns nicht sichtbare Muster im ultravioletten Wellenlängenbereich, welche ihnen signalisieren, dass hier eine lukrative Nektarquelle auf sie wartet – man spricht diesbezüglich auch von sogenannten »Saftmalen«. Wie Leuchtsignale auf einer Landebahn steuern sie die besonders hervorgehobenen Blütenmuster an, in der Hoffnung, hier ausgiebig Nektar tanken zu können. Für uns oft einfarbig scheinende Blütenblätter können somit für eine Biene verschieden gemusterte Strukturen aufweisen.

Neben den zwei auffällig großen Facettenaugen, welche die Bienen in die Lage versetzen, im Flug gleichzeitig nach unten, oben und vorn sehen zu können, und ihnen damit eine fast komplette Rundumsicht gewähren, besitzen sie noch drei kleine, oft mit Haaren verdeckte und kaum erkennbare Stirnaugen. Diese auch als »Ocelli« bezeichneten Extraaugen helfen den Bienen ebenfalls bei der Orientierung. Es wird vermutet, dass diese zusätzlichen, sehr lichtempfindlichen und nur mit wenigen Sinneszellen ausgestatteten Augen als eine Art Lichtkompass fungieren. Auch sind Bienen in der Lage, die Polarisation, sprich die Schwingungsrichtung des Lichts, wahrzunehmen. Dieses spezielle Polarisationsmuster ermöglicht ihnen auch bei bedecktem Himmel die Orientierung. Man vermutet, dass die drei kleinen auf der Stirn sitzenden Augen auch hierbei eine Rolle spielen.

Wenn man es genau nimmt, haben Bienen jedoch nicht nur fünf, sondern wesentlich mehr Augen, da jedes ihrer beiden einen Großteil des Kopfes einnehmenden Facettenaugen aus etwa 6 000 Einzelaugen, den sogenannten »Ommatidien«, besteht. Wobei jedes dieser Ommatidien mit einer eigenen Linse und eigenen Sinneszellen ausgestattet ist. So kann jedes Ommatidium im Grunde als einzelnes Auge angesehen werden. Die Signale der so halbkugelförmig als Komplexauge angeordneten Einzelaugen fügen sich im Gehirn der Biene zu einem Gesamtbild ihrer Umwelt zusammen. Wobei die Zahl der Einzelaugen wie die

Pixel eines Bildschirms über die Schärfe des Bildes entscheidet. Während Arbeitsbienen die besagten etwa 6 000 Ommatidien pro Komplexauge zur Verfügung stehen, besitzen Bienenköniginnen nur etwa 3 500 bis 4 000 Ommatidien, da sie im Grunde nach erfolgreich absolvierter Paarung nicht mehr ausfliegen müssen und somit kaum auf einen besonders gut ausgeprägten Sehsinn angewiesen sind. Besteht doch ihr restliches Leben nach ihrem Hochzeitsflug hauptsächlich daraus, tagein und tagaus möglichst viele Eier zu legen. Dafür bedarf es keines besonderen Sehsinns, da es im Bienenstock ohnehin recht dunkel ist.

Die männlichen Drohnen hingegen besitzen bis zu 10 000 dieser Einzelaugen pro Komplexauge. Die daraus resultierende hohe Auflösung benötigen sie, um beim Paarungsflug eine Jungkönigin auch rechtzeitig erkennen und möglichst vor den Tausenden anderen Konkurrenten am Drohnensammelplatz anfliegen und begatten zu können. Nur so ist eine Gen-Weitergabe gewährleistet. Da dies im Grunde ihre einzige Aufgabe im Leben ist, kann man schon mal in einen Satz gute Augen investieren. Die Königin hat es bei derselben Angelegenheit hingegen relativ leicht, da sie lediglich zum Drohnensammelplatz fliegen und auf paarungsbereite Männchen warten muss. Und davon fliegen an den Drohnensammelplätzen wahrlich ausreichend herum.

Auch eignet sich solch ein Komplexauge aus Tausenden Einzelaugen ideal für eine hohe zeitliche Auflösung während des schnellen Fluges. Wo bei uns Menschen bereits 15 bis 24 Bilder pro Sekunde ausreichend sind, um die einzelnen Bilder nicht mehr als einzeln, sondern als zusammenhängenden »Film« wahrzunehmen, sind es bei Bienen etwa 200 bis 300 Einzelbilder pro Sekunde. So wäre unser Fernsehprogramm für Bienen lediglich eine Aneinanderreihung einzelner Bilder. Man spricht hier auch von einer höheren »Flimmerverschmelzungsfrequenz«.

Wer sich wundert, warum es so schwer ist, eine Fliege zu fangen, oder weshalb selbige meist schon weggeflogen ist, bevor sie die eingerollte Zeitung trifft, findet hierin auch die Erklärung dafür. Zeit liegt im Auge des Betrachters und ist relativ. Durch die höhere zeitliche Auflösung sieht die Fliege die herannahende Zeitung quasi in Zeitlupe. Wie im Film *Matrix* kann sie so drohenden Gefahren größtenteils ohne Probleme rechtzeitig ausweichen. Hinzu kommt, dass die Nervenweiterleitung aufgrund der wesentlich kürzeren Wege in solch einem kleinen Insektengehirn bedeutend schneller vonstattengeht als beispielsweise in unserem relativ großen Gehirn, in welchem ein Signal von einem Ende des Denkorgans zum anderen Ende schlicht wesentlich mehr Zeit für eine Informationsübertragung benötigt.

Schaut ein Mensch gleichzeitig mit einer Fliege auf den Sekundenzeiger einer Uhr, bewegt sich dieser für die Fliege wesentlich langsamer als für den Menschen, wie Wissenschaftler vermuten. So vergeht die Zeit, abhängig von der jeweiligen zeitlichen Bildauflösung, für die verschiedenen Lebewesen also unterschiedlich schnell. Somit sind beispielsweise auch die für uns kaum nachvollziehbar schnellen Flugmanöver im Tierreich erklärbar. Auch der auf der Jagd befindliche Raubvogel nimmt die gesamte Jagdszene, in Relation zu einem menschlichen Beobachter, quasi in Zeitlupe wahr.

Wie vollkommen anders muss also die Welt aus Sicht einer Fliege, einer Biene oder eines Vogels sein. Nicht nur, dass sie oft unterschiedliche Farbwahrnehmungen von der Umwelt haben als wir, auch die zeitliche Auflösung scheint eine völlig andere zu sein. Was wir aus Gewohnheit heraus als real ansehen, wirkt mit anderen Augen betrachtet vollkommen anders.

Die Welt ist in Wirklichkeit um so viele Farben und andere unseren Sinnen verborgene Eindrücke reicher, dass wir uns diese mit unserem Verstand wohl nie in ihrer Gesamtheit vorstellen können. Angefangen bei unserem eher bescheiden ausgeprägten Geruchssinn über unseren doch relativ eingeschränkten Hörsinn bis hin zu elektrischen Feldern, die wir nicht in der Lage sind wahrzunehmen. Unsere subjektiv wahrgenommene »Wirklichkeit« ist somit nur ein äußerst kleiner Teil der tatsächlichen Wirklichkeit. Der Begriff der »Realität« rückt so recht schnell in ein sehr relatives Licht.

Das Einzige, bei dem wir meinen, besonders gut von der Natur ausgestattet worden zu sein, ist unser Denkorgan. Und selbst hier kommt oft das beklemmende Gefühl auf, dass der Hund, hätte er nur zwei Hände, so manche Aufgabe besser bewerkstelligen würde als der ein oder andere menschliche Artgenosse.

Kürzlich entdeckten Wissenschaftler sogar, dass neben Tieren wie zum Beispiel Karpfen, Fledermäusen, Meeresschildkröten oder eben Tauben auch Hunde in der Lage zu sein scheinen, das Erdmagnetfeld zu »sehen«. Hierfür werden bestimmte in der Netzhaut lokalisierte Magnetsensor-Moleküle verantwortlich gemacht, welche auch unseren vierbeinigen Freunden die Orientierung am Erdmagnetfeld ermöglichen sollen. Dies könnte auch erklären, warum viele Hunde sich, sofern sie nicht durch Leine oder Besitzer beeinflusst werden, bei Verrichtung ihres Geschäfts häufig in Nord-Süd-Richtung ausrichten, wie Forscher durch Versuche herausgefunden haben. Interessant dabei war, dass die Versuchstiere dies signifikant häufig bei ruhigem Erdmagnetfeld taten. War dieses durch Sonnenstürme gestört, standen die Tiere meist kreuz und quer.

Bedauerlicherweise hat uns die Evolution nicht mit diesem sechsten Sinn ausgestattet oder er ist uns im Laufe der Evolution abhandengekommen. Wie viel leichter würde die Orientierung bei einer Waldwanderung fallen und wie viele Kilometer orientierungslosen »Im-Kreis-Gelaufes« hätten uns damit erspart bleiben können, hätten wir nur ebenfalls die Möglichkeit, uns am Erdmagnetfeld zu orientieren.

Allerdings werden die meisten über diese außergewöhnliche Fähigkeit verfügenden Tierarten wohl dafür auch nicht so schnell in den Genuss einer guten Schachpartie kommen.

Ein ungemütliches Nest

Inzwischen hat der Bus es die Straße hoch zurück in das kleine Bergdorf geschafft. Nun zur Abenddämmerung sieht man in der Regel so gut wie keine Menschenseele mehr draußen. Das flüchtige Flackern der Fernsehgeräte dringt beim Vorüberfahren durch die Fenster der Wohnzimmer nach draußen. Marder, Dachs und Fuchs sowie all die anderen dämmerungsaktiven Tiere haben das Revier nun ganz für sich allein.

Akkurat geschnittene Obstbäume dominieren die hiesige Vorgartenkultur. Die jetzt in voller Blüte stehenden Bäume sorgen für ein reiches Nahrungsangebot für alle auf Nektarsuche befindlichen Insekten. Im zeitigen Frühjahr kann man Krokusse und gelbe Narzissen auf den Wiesen vor den alten Häusern der Waldsiedlung bestaunen, wie man sie in dieser Menge selten zu sehen bekommt. Ein wahres Blütenmeer, welches vom jungen Grün der Wiese dann kaum noch etwas durchscheinen lässt. Für die Bienen ist dies im Frühjahr natürlich wie ein kleines Paradies.

Ein Igel trottet am Wegrand gemütlich an den hölzernen Vorgartenzäunen der Häuser entlang. Der bestachelte Wanderer wird jetzt sicher auf der Jagd nach Fressen sein. Wobei der Speiseplan des Igels hauptsächlich aus Insekten und Würmern besteht. Entgegen einer immer noch weit verbreiteten Ansicht tut man den kleinen stacheligen Freunden nichts Gutes, wenn man ihnen in bester Absicht ein Schälchen mit Milch in den Garten stellt. Denn Igel sind leider vollkommen laktoseintolerant. Bedauerlicherweise scheint ihnen selbst dieser Sachverhalt auch nicht bewusst zu sein. So kann es vorkommen, dass ein Igel die ihm wohlmeinend hingestellte Milchschüssel ausschlürft, jedoch anschließend unter starkem Durchfall leidet.

Angekommen auf dem kleinen Parkplatz oberhalb des Teiches kann der alte Motor des Busses nun endlich wieder zur Ruhe kommen. Auf dass er auch das nächste Mal noch so treu anspringt, wie er es bisher immer getan hat. Hält er noch ein Weilchen durch, würde der alte Bus im kommenden Jahr mit dreißig Jahren auf dem Buckel den Oldtimerstatus erreichen. Sollte er es tatsächlich schaffen, würde er anlässlich seines Ehrentages eine neue Lackierung geschenkt bekommen. Das alte Rot hat in den Jahren doch sehr an Leuchtkraft verloren. Auch zieren mehrere Schrammen und Abplatzungen die vereinzelt mit kleinen Dellen versehene Oberfläche des klapprigen Gefährts. In seiner vergangenen Berufskarriere, vor seiner Zeit als Bienentransporter, diente er auch schon als Lastenwagen. In den ersten Jahren für die Post unterwegs, wechselte er später ins Elektrowarengeschäft und half bei der Auslieferung verschiedenster Kühlgeräte an ihre neuen Besitzer, bis er schließlich als

Bienentransportfahrzeug eingestellt wurde, in welcher Position er wohl bis zu seinem Lebensende auch verweilen darf.

Auf dass es noch ein paar schöne Jahre mit »Willi«, wie der Bus liebevoll getauft wurde, sein werden.

Gerade aus dem Fahrzeug gesprungen, flitzt der Hund auch schon den Hang hinunter zum kleinen Teich. Von hier oben lässt nur ein lautes Platschen darauf schließen, dass der Hund sich mal wieder dazu entschlossen hat, ein kurzes abendliches Bad im kühlen Nass zu nehmen.

Das sanfte Gurren einer Ringeltaube dringt von einem der alten am Straßenrand stehenden Lindenbäume an das Ohr. Und tatsächlich. Dort oben, dick aufgeplustert und durch die Blätter herabschauend, sitzt der vorwiegend gräulich gefärbte Vogel auf einem Ast und gurrt vor sich hin. Durch die weiße Bänderung am Hals ist er gut von anderen Taubenarten zu unterscheiden.

Mit seinem »Rugugu, gugu« verrät er auch sogleich sein Geschlecht. Denn die Damen der Gattung verhalten sich in der Regel äußerst zurückhaltend und sind eher schweigsam veranlagt. Vermutlich sitzt das Weibchen irgendwo versteckt zwischen den Zweigen und Blättern des großen Baumes.

Ringeltauben leben in festen Beziehungen. So kann man das verliebte Pärchen auch oft dicht aneinander gekuschelt auf einem Ast sitzen sehen. Oft putzen sie sich dabei liebevoll mit ihren Schnäbeln.

Gelegentlich kann man das Männchen auch bei seinen spektakulären Balzflügen beobachten, wobei es mit den Flügeln laut klatschend in die Höhe steigt, um sich anschließend mit waagerecht gestreckten Schwingen und gespreiztem Schwanz wieder hinabgleiten zu lassen.

Im Gegensatz zu den kunstvollen Flugmanövern des Männchens sieht das Nest der Ringeltauben eher etwas lieblos zusammengeschustert aus. Beim Nestbau reicht das Männchen dem Weibchen lose Ästchen und Zweige, woraufhin das Weibchen diese dann mehr schlecht als recht zu einem »Nest« zusammensteckt. Nach dem Schlupf der Jungen ist es dann oft verwunderlich, dass nicht ständig irgendeiner der dicken Jungvögel aus dem sehr provisorisch wirkenden Nest herausfällt. Besonders bequem wird es so ganz ohne Polsterung vermutlich auch nicht sein. Beneiden tut man die Jungen um die architektonische Nestbaukunst ihrer Eltern jedenfalls nicht.

Ähnlich wie die Jungbrut bei den Bienen werden auch die Taubenjungen in den ersten Tagen mit einem speziellen Futtersaft gefüttert, der sogenannten »Kropfmilch«, einem sehr nährstoffreichen Futtersekret, welches von den Kropfschleimhäuten der Elterntiere abgesondert wird. Und ebenso wie unsere gelb-schwarz gestreiften Pioniere der Lüfte orientieren sich auch Tauben bei ihrem Flug an der Sonne sowie dem Magnetfeld der Erde. Ähnlich wie Bienen das Erdmagnetfeld bei der Futtersuche zur Orientierung nutzen, sind auch Tauben in der Lage, sich nach den Magnetfeldlinien der Erde zu orientieren, und finden so auch aus weit entfernten Gegenden zurück nach Hause. Und ebenso wie bei den Bienen kann ihre Orientierung durch Veränderungen im Erdmagnetfeld, zum Beispiel verursacht durch ungewöhnlich starke Sonnenstürme, beeinträchtigt werden.

Dass Tauben sich am Erdmagnetfeld orientieren können und damit auch über weite Strecken zu ihrem heimatlichen Taubenschlag zurückfinden, machte sich der Mensch schon recht früh zunutze, um kleine Botschaften, festgebunden an den Füßen der befiederten Freunde, mitsamt der Taube zurück in Richtung Heimat zu befördern. Wie fliegende Postboten trugen die verlässlichen Tiere die Nachricht dann Richtung ihres Zuhauses – zumindest, sofern sie auf dem Weg dorthin kein Greifvogel abgriff.

Heute wird ihr herausragender Orientierungssinn meist nur noch zu Wettkampfzwecken eingesetzt. Hierbei werden die Tauben an möglichst weit entfernten Orten freigelassen, um zu schauen, welche zuerst in ihren Heimatflughafen zurückkehrt. Wobei die Preisgelder, die dem glücklichen Taubenzüchter mit dem Sieg einer seiner ins Rennen geschickten Prachtstücke winken, nicht gerade gering ausfallen. Preisgelder von mehreren zehntausend Euro sind hier keine Seltenheit.

Zum Glück bleibt das hier ortsansässige Ringeltaubenpärchen von derlei Strapazen verschont und kann ein angenehm ruhiges Leben in dem kleinen Bergdorf führen. Oft kann man sie dabei zusammen durch ihr Revier streifend auf der Suche nach Futter beobachten. Die umfangreichen Körnermischungen der zahlreichen Futterhäuschen in den hiesigen Vorgärten kommen ihnen dabei sehr gelegen.

Klar Schiff machen oder kentern

Inzwischen scheint der Hund sein Bad beendet zu haben und fordert nun durch lautes, aufgeregtes Gebell zum zügigen Nachkommen auf.

Doch muss zunächst noch das im Bus befindliche Bienenvolk den Hang hinunter zum Bienenstand getragen werden – ganz vorsichtig und langsam, damit die Bienen möglichst ruhig bleiben und nicht in Aufregung geraten. Sollen sie sich doch auch geborgen fühlen in ihrem neuen Zuhause. Jetzt bloß nicht stolpern. Schritt für Schritt auf dem unebenen und absteigenden Gelände vorantastend, gilt es nun, die Bienen möglichst wenig von der abendlichen Umsetzaktion spüren zu lassen.

Des Wartens überdrüssig ist der Hund bereits weiter hinunter zum Haus gerannt, denn am Teich ist nichts mehr von ihm zu sehen. Nur eine feuchte Tropfspur auf dem kleinen Weg am Teich entlang zeugt von dessen kürzlichem Entschluss, schon einmal vorauszulaufen.

Sacht wird nun der Bienenkasten mit dem neu eingefangenen Bienenvolk an einem freien Platz am Bienenstand abgestellt. Sicher werden sich die Bienen rasch von dem Umzug erholen und schnell neue Waben mit Honig und Brut befüllt anlegen.

Am Bienenstand auf der Hangwiese sind nur noch vereinzelte heimkehrende Bienen unterwegs. Nur hier und da schlüpft noch eine Biene im abendlichen Dämmerlicht durch das Flugloch in die Geborgenheit ihres schützenden Stocks. Wo tagsüber reger Betrieb herrschte und die Luft nur so geladen war vom Summen der herumfliegenden Bienen, ist inzwischen friedliche Ruhe eingekehrt. Nur ein leises, gleichmäßiges Sausen geht noch von den Bienenstöcken aus, ähnlich dem leisen Rauschen des Windes, der sacht durch das Blätterdach streift. Dieses letzte Zeichen fortwährenden Lebens aus den Bienenkästen bleibt die gesamte Nacht über bestehen, wie ein nie endendes Nachtlied, welches sich die Bienen gegenseitig zur Beruhigung vorsummen – ein zur Betriebsamkeit des Tages vergleichsweise eher ruhiges und niederfrequentes Summen, welches die Bienen im nächtlichen Einklang hält. Doch morgen früh schon, gleich mit den ersten wärmenden Sonnenstrahlen, die auf die hölzernen Wände der Bienenbehausungen treffen, wird das emsige Treiben wieder von vorn losgehen. Den gesamten Sommer über werden die Bienen – von einer uralten Kraft instinktiv getrieben – jeden Tag aufs Neue ausfliegen, um genügend Reserven für sich und ihr Volk für den nächsten Winter zu sammeln, sodass sie auch diesen wieder gut überstehen und vital in das nächste Jahr starten können. Ein Prozess, der so bereits seit Jahrmillionen immer wieder erneut im Frühjahr beginnt und im Herbst zur Ruhe kommt. Ein Prozess, der sich über die Zeit durchgesetzt hat und so hoffentlich auch noch viele Millionen Jahre ablaufen wird. Doch war der Fortbestand dieser uralten Strukturen und Abläufe nie so gefährdet wie heute. Gibt es doch kaum noch alte, morsche Bäume, die wilden Bienenvölkern über viele Jahre Unterkunft geben könnten, kaum ein Volk, welches nicht mit der von uns aus Asien eingeschleppten Varroamilbe befallen ist, und kaum ein Gebiet in unserer Umwelt, in welchem die Bienen nicht durch gesundheitsschädigende Pestizide bedroht sind. So kann der Respekt vor diesen sich über so lange Zeit herausgebildeten Abläufen der Natur nie groß genug sein und sollte immer wieder in unsere Entscheidungen mit einfließen.

Wo die Reise hingeht, haben wir als angeblich vernunftbegabte Wesen selbst in der Hand. Sollten wir es jedoch nicht schaffen, unseren Umgang mit der uns beherbergenden Natur dramatisch zu ändern, wird es vermutlich nicht gut ausgehen. In so gut wie fast allen vom »Homo sapiens« einst besiedelten Gebieten folgte meist schon kurz nach dem Erscheinen des Menschen ein Massensterben anderer Arten, wie man anhand verschiedener Fossilienfunde nachweisen konnte. So war die Geschichte der Menschheit leider auch immer eine Geschichte des Aussterbens. Wissenschaftler schätzen, dass die von uns Menschen verursachte Aussterberate die natürliche Aussterberate um den Faktor 100 bis 1 000 übersteigt. Einige Experten schätzen diese Zahl sogar noch höher. Sicher ist, wir erleben gerade das größte Artensterben seit dem Verschwinden der Dinosaurier. Inzwischen sterben laut dem Bericht der Vereinten Nationen zur Artenvielfalt bis zu 130 Tier- und Pflanzenarten täglich und sind somit für uns und die Natur unwiederbringlich verloren. Leider scheint es in der Natur des Menschen zu liegen, das Artensterben so lange voranzutreiben, bis er selbst zur bedrohten Art wird.

Sogenannte »Tipping Points« stellen plötzlich eintretende und so nicht vorhersehbare Ereignisse dar, welche schlagartig eine ganze Kaskade an katastrophalen Folgeerscheinungen lostreten können, welche somit letztlich auch für uns Menschen existenzbedrohend wären. Ab einem gewissen Punkt ist dieser Prozess dann schlicht nicht mehr aufzuhalten. Ob solch ein Kipppunkt bereits erreicht wurde oder wir kurz davorstehen, kann man in einem solch überaus komplexen System aus verschiedensten Wirkungszusammenhängen mit wissenschaftlicher Präzision kaum sagen. Fest steht, ein »Weiter so« kann es nicht geben und wir sollten alles uns Mögliche daransetzen, dieses kostbare Geschenk zu erhalten und, wo es noch geht, wieder zu reparieren. Stellt die Natur, auf deren Ökosystemdienstleistungen und Rohstoffe letztlich auch wir angewiesen sind, doch bildlich gesprochen das Schiff dar, mit dessen Hilfe wir auf dem Meer treiben. Ein komplexes Konstrukt, welches uns vor dem Untergehen bewahrt. Und doch scheinen wir Brett für Brett von diesem Schiff zu verbrennen und bereits am eigenen Mast zu sägen. Irgendwann ziehen wir mal ein Brett zu viel heraus und Wasser strömt in unser Boot. Nur ist dann kein Brett mehr übrig, um das Loch wieder zu flicken, da wir bereits die meisten verbrannt haben. So dringt immer mehr Wasser ein und bringt das Schiff letztlich zum Kentern. Ein Streit darüber, wer wie viel Verantwortung bei der Sache trägt, wird somit obsolet, denn letztlich sitzen wir alle im selben Boot. Ob wir nicht schon irgendwo ein Brett zu viel abgerissen haben und bereits kurz davor sind zu sinken, ohne zu merken, dass wir mit den Füßen längst im Wasser stehen oder das Gesamtkonstrukt durch den ständigen Raubbau bereits so instabil gemacht haben, dass es vielleicht morgen schon in zwei Hälften bricht, kann niemand genau einschätzen. Machen wir so weiter, kann man jedoch ziemlich sicher sagen, dass es vermutlich bald so weit sein wird.

Wilder Garten

Gerade noch die obersten Ecken der Bienenkästen treffend, haben die Sonnenstrahlen sich mittlerweile gänzlich hinter den Bäumen am westlichen Horizont verkrochen. Nur die wenigen am Himmel stehenden Wolken werden noch von der untergehenden Sonne beleuchtet und bieten so ein zwar flüchtiges, doch einmalig schönes Licht- und Farbenspiel am Himmel – als würde der Tag sich mit einem letzten großen Auftritt verabschieden wollen, um dann der Nacht die Bühne zu überlassen.

Mit Abkühlung der Luft und der heruntergefahrenen Aktivität der Bienen nimmt auch der typische Bienengeruch rings um die Kästen ab. Nur ganz schwach kann man den Geruch nach Honig, Propolis und Wachs noch riechen.

Doch sollte das letzte Dämmerlicht des Abends jetzt dazu genutzt werden, den durch die Wärme des Tages bereits recht ausgetrockneten Gemüsegarten mit dringend benötigtem Wasser zu versorgen.

Auf dem Weg vom Bienenstand nach unten auf die Streuobstwiese, zwischen deren Bäumen der kleine Gemüsegarten liegt, fällt auf, dass bereits die ersten weißen Blütenblätter zu Boden gefallen sind. Bald werden es immer mehr werden und das momentan noch dominierende Weiß an den Ästen und Zweigen der Obstbäume wird einem frischen, rasch nachdrängenden Grün weichen. Blattgrün, welches dann dringend für die Fotosynthese benötigt wird, um der Bestäubung der Blüten auch großes und saftig-süßes Obst folgen lassen zu können.

Kaum dass die ersten Tropfen aus der Gießkanne auf den trockenen Boden des Gemüsegartens fallen, werden sie auch sogleich gierig vom feinen Sediment der staubigen Erdoberfläche aufgesaugt. Kürbis, Zucchini, Bohnen, Tomaten und Co. werden die so dringend benötigte Flüssigkeit sicher dankend annehmen.

Noch sind die Gemüsepflänzchen recht klein, aber schon bald werden vor allem die Blätter der Kürbis- und Zucchinipflanzen das gesamte Beet bedecken, sodass es mühsam wird, hindurchzulaufen, ohne auf ein Blatt, einen Stängel oder sonst irgendein Pflanzenteil zu treten. Ehrlicherweise wirkt der Gemüsegarten dann meist etwas verwildert und man muss schon suchen, um die reifen Zucchini und Kürbisse in dem grünen Dschungel ausfindig zu machen. Den Sommer über ist oft so viel an den Bienenstöcken zu tun, dass für die penible Pflege des Gemüsegartens kaum Zeit übrig bleibt. Solange der kleine Garten bisweilen eine Zucchini, einen Kürbis oder ein paar leckere Tomaten hergibt, genügt es jedoch.

Schon aufgrund der zahlreichen Bienen und Hummeln, die am morgendlichen Tau der Pflanzen ihren Durst stillen, wird in dem kleinen Gemüsegarten auf den Einsatz von chemischen

Stoffen verzichtet. Auch wird die durch das Gießen oft feuchte Erde gern von den eifrigen Sammlerinnen abgeleckt. Immer wieder sind hier Bienen mit ihren Rüsseln am feuchten Boden nach Wasser saugend zu beobachten. Chemische Rückstände könnten somit von den Bienen mit aufgenommen werden und ihre Gesundheit schädigen. Auch hat man als Imker naturgemäß ohnehin eine berufsbedingte Abneigung gegen jegliche Arten von chemischen Kampfstoffen in der Natur. Das mag an der ein oder anderen Stelle eventuell übertrieben wirken, doch ist in diesem Fall einmal weniger sicher besser als einmal zu viel. Zudem hat sich über die Jahre gezeigt, dass es auch ohne den Einsatz chemischer Mittel geht. Der eventuell etwas geringere Ertrag wird gerne und mit gutem Gewissen toleriert.

Intelligenz und Mitgefühl

Zurück im Haus bekommt der Hund nun sein bereits sehnsüchtig erwartetes Abendbrot. Eine ganze Weile schon lag er voll freudiger Erwartung vor der Eingangstür, um den finalen abendlichen Moment der Futtergabe um nichts in der Welt zu verpassen. Erneut schlingt er das ihm liebevoll mit gekochten Kartoffeln und Möhren garnierte Essen in nur wenigen Augenblicken runter. Einer der schöneren Vorzüge des Menschseins ist es sicher, die Nahrungszubereitung sowie die darauffolgende Nahrungsaufnahme bewusst zelebrieren und genießen zu können. Seltsam, wie so ein paar Happen guten Essens in der Lage sind, im Gehirn so viele Glückshormone auszuschütten, gerade nach einem körperlich aktiven Tag wie heute.

Wie sehr wir uns oft für unter Selbstkontrolle und über den ursprünglichen Instinkten stehende Wesen halten und doch immer wieder vor Augen geführt bekommen, auf welch relativ einfacher Programmierung unsere Verhaltensweisen, unsere Wünsche, Ängste und Freuden beruhen. Vorsicht also vor der Falle der Selbstüberschätzung und der damit einhergehenden Unterschätzung anderer Lebewesen. Zu welch außerordentlichen psychischen Meisterleistungen unser Gehirn in der Lage ist, wenn es darum geht, uns selbst auszutricksen und uns die Welt schönzureden, zeigt sich immer wieder. Wie oft müssen wir unsere Handlungsweisen als völlig irrational erkennen? Wie oft ertappt man sich selbst dabei, einen offensichtlichen Fehler schönzureden? Wie sehr unterliegen wir einer stetigen Manipulation durch unser Gehirn, um unsere Verhaltensweisen irgendwie zu rechtfertigen? Sei es beim Einsperren von so intelligenten und einfühlsamen Tieren wie beispielsweise Hausschweinen in dunkle, stinkende und zur Bewegung kaum Platz bietende Gefängnisse aus Ignoranz und fehlendem Einfühlungsvermögen oder beim massenhaften Abschlachten von so eindrucksvollen und majestätischen Tieren wie Elefanten, nur um an einen kleinen, mit einem irrationalen Wert belegten Teil ihres Körpers zu kommen. Sogar vor unseren nahen Verwandten machen wir nicht halt und töten so wundervolle Kreaturen wie Menschenaffen, nur um deren Babys als unsere niederen Instinkte ansprechende Spielobjekte auf dem Schwarzmarkt zu verkaufen. Und wie wenig Gedanken machen wir uns über die Konsequenzen unserer Lebensweise. Wie weit sind wir oft entfernt von unserem Idealbild eines vernunftbegabten Wesens, wie stark geprägt von manipulativer Steuerung und Schönfärberei.

Scheinen doch schon so vergleichsweise kleine Lebewesen wie die Bienen individuelle Charakterzüge und eine gewisse Art von Intelligenz aufzuweisen. Eine Intelligenz und ein Wahrnehmungsvermögen, welches wir in unserer Ignoranz sogar höheren Säugetieren oft immer noch absprechen.

Bienenforscher sind immer wieder verblüfft, wie unterschiedlich Bienen auf gewisse Reize reagieren und zu welch ungeahnten, vorausschauenden und strategischen Leistungen sie imstande sind.

Wissenschaftliche Experimente offenbarten nicht nur, dass Bienen zählen können, sie können sogar zwischen unterschiedlichen Malereistilen unterscheiden. So wurden Versuchsbienen beispielsweise mittels Futterbelohnung entweder auf den impressionistischen Malstil von Monet oder auf den kubistischen Malstil von Picasso konditioniert und es zeigte sich, dass die so zu wahren »Kunstkennerinnen« ausgebildeten Bienen tatsächlich mit erstaunlicher Treffsicherheit verschiedene Bilder der beiden Maler auseinanderhalten konnten. Obwohl sie die gezeigten Bilder vorher nie gesehen hatten, entschieden sie sich mit hoher Wahrscheinlichkeit für den Malstil, auf den sie trainiert worden waren, in der Hoffnung, dort erneut auf Futter zu stoßen.

In einem anderen Experiment wurden einzelne Bienen darauf dressiert, eine kleine Kugel auf eine bestimmte Position zu rollen, um anschließend eine Belohnung in Form einer kleinen

Gabe Zuckerwassers zu bekommen. Nach einiger Zeit hatten die so trainierten Bienen gelernt, was zu tun war, um die Belohnung abgreifen zu können. Doch damit nicht genug. Setzte man nun eine zweite, noch »untrainierte« Biene als Beobachterin des Experiments hinzu, war diese anschließend durch reines Beobachten in der Lage, dieselbe Aufgabe ebenso wie die vorab dressierte Biene umzusetzen und so ebenfalls die süße Belohnung zu ergattern. Dies setzt eine Art »Verständnisprozess« voraus, der nicht so einfach mit schlichten Konditionierungsmustern erklärbar ist. Doch damit nicht genug. Bot man der »Beobachterbiene« dann eine alternative, kürzere Strecke zum Ziel an, auf welcher sie die kleine Kugel entlangrollen konnte, wählte diese meist automatisch die kürzere Strecke. Dies lässt vermuten, dass sie anscheinend in der Lage ist, den Ablauf im Gehirn vorab zu »durchdenken«, und sogar planerisch auf sich ändernde Umstände reagieren kann. Dies geht schon weit über reine Automatismen hinaus. Eine Form von Intelligenz, die man eher von Affen, Vögeln oder anderen »intelligenteren« Tieren erwartet, aber bisher Insekten nicht zugetraut hätte.

Teilweise wird in der Wissenschaft sogar von einem möglichen »Ich-Bewusstsein« bei Bienen gesprochen, welches unter anderem auch in der Schmerzwahrnehmung eine Rolle spielen könnte.

Die Neurologie zeigt auf, dass auch Bienen über eine Art Schmerzempfindungssystem verfügen könnten, ähnlich wie es bei uns Menschen vorhanden ist. So fand man im Hirn der Bienen unter anderem Botenstoffe, die für eine höhere Schmerzempfindlichkeit sorgen oder diese eben herabsetzen können, ähnlich dem Schmerzregulationssystem in unserem Gehirn. Was die Frage aufwirft, ob Bienen nicht sogar über eine gewisse Form der »Ich-Wahrnehmung« verfügen, welche ihnen ermöglicht, die Schmerzen sich selbst zuordnen und lokalisieren zu können?

Zwar ist das etwa stecknadelkopfgroße Gehirn einer Biene vergleichsweise klein und mit rund 1 Million Neuronen wesentlich geringfügiger mit Nervenzellen ausgestattet als unser Gehirn mit rund 90 Milliarden Neuronen, doch wenn man sogar hier eine gewisse Intelligenz feststellen und eventuell sogar von einer Art Ich-Bewusstsein reden kann, ist es dann nicht umso weniger ethisch vertretbar, höheren Wirbeltierarten solch ein Leid zuzufügen, wie wir es in der heutigen Massentierhaltung tun? Sicher ist der Begriff des Bewusstseins nicht als ein feststehender Zustand zu betrachten. Auch hier wird es fließend ineinander übergehende Gradienten geben. Doch kann man davon ausgehen, dass die von uns zum Verzehr gehaltenen Tiere ebenso über eine Art Ich-Wahrnehmung verfügen wie wir und seelische sowie körperliche Schmerzen ihnen ebenso viel Leid zufügen, wie sie es bei uns täten. Trauer über verstorbene Familienangehörige, altruistisches Verhalten gegenüber anderen Gruppenmitgliedern oder Freude über das Wiedersehen mit lange nicht mehr getroffenen alten Freunden sind nur ein paar offensichtliche Anzeichen des inneren Gefühlslebens von Tieren, welche uns zeigen, dass wir auch diesen von uns oft unterschätzten Arten mit Respekt und Empathie entgegentreten sollten.

So vollkommen in Gedanken versunken, hat sich das Abendbrot inzwischen fast wie von allein gegessen. Nur noch ein kleiner Bissen zwischen Genuss und einem leeren Teller. Doch war der Hund heute einfach zu brav, als dass er dieses letzte Stückchen als Anerkennung und Zeichen der Zuneigung ausnahmsweise nicht zugereicht bekommen sollte. Weiß er doch genau, dass ihm diese besondere Behandlung ausschließlich zuteilwird, wenn er ohne Bettelverhalten ruhig auf seinem Platz liegt. Fast schon verwundert über den unerwartet gereichten zusätzlichen Happen nimmt er diesen allzu gern noch mit auf.

Das Sternbild der Biene

Zu schön ist der laue Frühlingsabend, als dass man ihn nicht noch ein paar Minuten draußen vor dem Haus auf der alten Holzbank sitzend verbringen könnte. Das gleichmäßige Zirpen der Grillen dominiert nun die Geräuschkulisse im nächtlichen Garten. Abertausende kleine und große Sterne funkeln am Firmament und durchbrechen mit ihrem Glitzern die inzwischen vorherrschende Dunkelheit der Nacht.

In Zeiten weit vor Fernseher, Radio oder gar elektrischem Licht verbrachten die Menschen wohl wesentlich mehr Zeit damit, dieses einmalig schöne Wunder am nächtlichen Himmel zu betrachten. Wie viele unzählige Nächte sind vergangen, an denen unsere Vorfahren am Lagerfeuer sitzend immer wieder hoch in den funkelnden Sternenhimmel geschaut haben. Nichts ahnend von dem, was sie da eigentlich sahen. Wie konnten sie auch? Welch Zauber müssen sie in den Tausenden von Sternen über ihren Köpfen gesehen haben. Dass für sie nur höhere Wesen als Erschaffer dieses einmaligen Schauspiels infrage kamen, ist beim Betrachten der Sterne auch heute noch gut nachvollziehbar. Selbst unser jetziges Wissen über die unzähligen Planetensysteme, alles verschlingende schwarze Löcher oder die unendlich vielen und Millionen von Lichtjahren entfernten Galaxien konnte diese Welt nicht entzaubern. Im Gegenteil – je mehr man darüber erfährt, umso faszinierender wird sie.

Vor Tausenden von Jahren muss dieses Wunderwerk jedoch eine einmalige Spielwiese für die Fantasie und Vorstellungskraft unserer Vorfahren gewesen sein. Von den unterschiedlichen Sterndeutungsmythen verschiedener Kulturen über die Vorstellung, dass es sich bei den leuchtenden Objekten um die Seelen

Verstorbener handeln müsse, bis hin zu den vielen Sternzeichen wie Stier, Wassermann, Skorpion & Co., welche die Geschicke und Geschehnisse in der Welt lenken und beeinflussen sollen, hat der Nachthimmel die Menschheit schon immer in seinen Bann gezogen und zum Fantasieren angeregt.

Seltsam, dass nicht auch ein Sternbild der Biene existiert, hat sie doch schon zu allen Zeiten eine wichtige Rolle im Leben der Menschen gespielt. Kann man sie mit etwas Fantasie im Gepäck doch überall am Firmament finden. Dort, am südlichen Horizont, knapp über der Baumgrenze, kann man sie heute ganz deutlich fliegen sehen! Millionen von Vorfahren müssen das Sternbild bislang übersehen haben. Dieses bisher unentdeckte Sternbild der Biene in dieser sternklaren Nacht als Erster entdeckt zu haben, ist natürlich eine ganz besondere Freude. Funkelnde Flügelschwingen und ein helles Leuchten an der Spitze ihres Stachels lassen sie majestätisch am Nachthimmel thronen.

Neben dem abendlichen Zirpen der Grillen ist jetzt hin und wieder auch der etwas gespenstig wirkende Ruf des Steinkauzes im Garten zu vernehmen – ein kurzer, hoher und kehliger Laut, der mehrmals hintereinander wiederholt wird. Der gerade mal etwa zwanzig Zentimeter kleine Eulenvogel liebt Streuobstwiesen und selten gemähte, etwas »ungepflegte« Wiesenflächen. Leider findet er diese immer seltener, sodass auch der kleine, mit lauter weißen Tupfern zwischen dem sonst braunen Gefieder besprenkelte Vogel immer seltener wird und inzwischen leider ebenfalls trauriges Mitglied der gefährdeten Arten auf der »Roten Liste« ist. Der lateinische Name *Athene noctua* heißt so viel wie »Nächtliche Athene« und geht auf den altgriechischen Mythos zurück, dass die kleine Eule der Lieblingsvogel von Athene – ihres Standes nicht weniger als die Göttin der Weisheit – gewesen sein soll. So steht er auch heute oft noch als Symbol für

Bildung und Weisheit, wird paradoxerweise jedoch vom Gegenteil bedroht. Da der kleine Jäger ein Höhlenbrüter ist, diese in der heutigen Kulturlandschaft aber bedauerlicherweise kaum noch vorkommen, kann man ihm beispielsweise als Besitzer einer Streuobstwiese helfen, indem man eine extra für den Waldkauz angepasste Niströhre an einem der Obstbäume anbringt. Mit etwas Glück wird diese dann von den etwas drollig wirkenden kleinen Eulen bezogen und man kann die Vögel vereinzelt im eigenen Garten beobachten, was eine mehr als ausreichende Wiedergutmachung für die geringe Mühe darstellt.

Allerdings ist der kleine Kauz nicht der einzige Vogel, dessen Stimme die Nacht magisch durchdringt. In manchen Nächten kann man mit etwas Glück sogar den weichen, aber intensiven Gesang der Nachtigall im Garten vernehmen. Nicht von ungefähr wird sie im Volksmund auch als die »Königin der Nacht« bezeichnet. Mit ihren oft lang gezogenen und leicht wehmütig klingenden Pfeifstrophen bringt sie auch hier manchmal die sonst so ruhige Nacht zum Klingen. Als würde sie versuchen, sich mit ihrem Gesang dem träumerisch-nächtlichen Ambiente der Natur anzupassen – als wollte sie die geheimnisvolle Ruhe der Dunkelheit nur begleitend untermalen. Hierbei variiert sie oft dicht gereihte Einzel- oder Doppeltöne mit immer wieder eingeschobenen und melodisch ansteigenden Pfeifstrophen, wobei sich hohe Töne immer wieder mit Tönen mittlerer oder tiefer Lage abwechseln. Ein äußerst angenehm klingendes und umfangreiches Gesangsrepertoire, welches zu hören stets äußerst beglückend ist. Es ist faszinierend zu beobachten, wie die Natur in den verschiedenen Tages- und Nachtzeiten ihre eigenen Klänge und Stimmungen erzeugt, und der Gesang der Nachtigall fügt definitiv einen besonderen Zauber hinzu. So ist es nicht verwunderlich, dass selbst Komponisten wie Beethoven oder Chopin versucht haben, den lieblichen Gesang des Vogels musikalisch einzufangen und in ihren Werken zu verarbeiten.

Was kann es Schöneres geben, als mit dem Gesang der Nachtigall im Ohr einzuschlafen?

Pssst!

Auch die Bienen werden sich nun zur Nachtruhe begeben haben. Und man mag es kaum glauben – auch Bienen müssen gelegentlich schlafen. Meist sitzen sie dabei bewegungslos, mit leicht eingeknickter Beinhaltung und schlaff herunterhängenden Antennen, auf einer Stelle am Rand der Wabe, etwas abseits des wilden Treibens im Zentrum des Stocks. Bisweilen verkriechen sie sich aber auch in eine leere Zelle, um dort ungestört von den anderen Bienen ein Schläfchen zu halten. Kürzlich wurde entdeckt, dass sie mitunter aber auch noch andere und zudem recht seltsame Schlafpositionen einnehmen. Mit dem Kopf in der einen und dem Hinterteil in der gegenüberliegenden Zelle zwischen zwei Waben »festgeklemmt« und den Beinen im freien Raum dazwischen bewegungslos herunterhängend, geben sie so schon ein recht amüsantes Bild ab.

Auch hat man herausgefunden, dass es im Schlafverhalten von Bienen individuelle und sich zeitlich verändernde Unterschiede gibt. So schlafen junge Bienen oft mehr als ältere und Sammelbienen eher des Nachts, wohingegen beispielsweise Putzbienen über den gesamten Tag verteilt immer mal wieder ein kleines Nickerchen einlegen.

Wie unsere Honigbienen brauchen auch die zahlreichen Wildbienenarten gelegentlich etwas Ruhe und wurden schon in den faszinierendsten Schlafpositionen entdeckt. So verbeißen sich zum Beispiel Scherenbienen zum Schlafen mit ihren Mundwerkzeugen an Blatträndern oder Pflanzenstängeln und lassen so – lediglich von ihren kräftigen Kieferscheren gehalten – den restlichen Körper einfach schlaff herunterhängen. Anscheinend hat diese Bienenart ganz andere Vorstellungen von »Schlafkomfort« als wir.

Andere Arten stecken für ein Schläfchen ihren Kopf samt Oberkörper einfach in lange Blütenkelche, sodass nur noch ihr Hinterteil hinausschaut, als würden sie sich eine überlange Schlafhaube überziehen. Vereinzelt kann man in größeren Blütenkelchen sogar ganze Schlafgemeinschaften aus zwei oder gleich mehreren Wildbienen einer Art finden. Dabei liegen die Bienen meist eng aneinander gekuschelt zusammen und wärmen sich gegenseitig.

Ob und was die Bienen dabei träumen, bleibt ihr Geheimnis. Vielleicht verarbeitet ihr Gehirn ähnlich wie bei uns Menschen Eindrücke und Bilder des Tages und macht daraus die seltsamsten Geschichten. Träumen sie von bunten Blumenfeldern? Der Arbeit im Bienenstock? Oder davon, wie es wäre, selbst eine Bienenkönigin in einem Honigbienenvolk zu sein? Eventuell nutzen sie aber auch die Gelegenheit und träumen bisweilen auch vom süßen Nichtstun – wie sie es sich auf einer großen Sonnenblume gemütlich machen, den halben Tag lang nur das schöne Wetter genießen und den Wolken beim Vorüberziehen zuschauen, dabei hin und wieder einen kleinen Schluck vom frischen Nektar aus den kleinen Blütenkelchen naschend. Wer könnte es ihnen verübeln? Man wird wohl nie mit Sicherheit sagen können, was genau in ihren kleinen Köpfchen während des Schlafens so vor sich geht.

Fest steht aber, dass man sie dabei nicht stören sollte. Denn auch Bienen reagieren auf zu kurzen Schlaf mit verminderter Leistungsfähigkeit. So konnte man experimentell beobachten, dass sie bei nicht ausreichendem Schlaf etwa Fehler beim Schwänzeltanz machen und ihren Kolleginnen so mitunter den falschen Weg zur Futterquelle weisen. Die durch dieses »Neben-der-Spur-Getanze« ins Nirgendwo geschickten Kolleginnen dürften nicht besonders begeistert sein über solch schlafmangelbedingte Fehlleitungen. Doch nicht nur das, auch ihr Lernverhalten kann durch Schlafentzug beeinträchtigt werden. So fanden Wissenschaftler heraus, dass Bienen, deren Schlaf man absichtlich gestört hatte, einen am Vortag eingeprägten Weg zwischen einer neuen Futterquelle und ihrem Stock am darauffolgenden Tag wesentlich schlechter wiederfanden als ihre ausgeschlafenen Kolleginnen. Hierfür weckten die Wissenschaftler schlafende Bienen und nahmen so Einfluss auf ihren natürlichen Schlafrhythmus. Die so unfreiwillig müden Bienen brauchten am nächsten Tag bedeutend länger zur Orientierung und kamen somit auch um einiges später wieder zurück zum Stock als ihre ausgeschlafenen Kolleginnen, wenn ihre Erinnerung sie nicht sogar so sehr betrog, dass sie überhaupt nicht mehr zum Stock zurückfanden.

Ähnlich wie bei uns ist die Funktion des Schlafes auch bei den Bienen nicht endgültig geklärt. Anscheinend werden aber auch bei ihnen während der nächtlichen Ruhezeit Informationen des Tages verarbeitet und abgespeichert. So sind auch für Bienen neu gelernte Dinge am nächsten Tag besser abrufbar, wenn sie ausgiebig darüber schlafen konnten. Obwohl nicht ganz geklärt ist, welche exakten biologischen Aufgaben Schlaf bei uns und anderen Arten hat, kann man wohl davon ausgehen, dass Schlafmangel nie gesund ist und der natürliche Schlafbedarf ernst genommen werden sollte. Bei uns Menschen wie auch bei den Bienen.

Wo geht die Reise hin?

Versunken in Gedanken hat sich inzwischen auch die eigene Müdigkeit von hinten angeschlichen und es ist an der Zeit, es den Bienen gleichzutun und sich ins Bett zu begeben.

Morgen früh schon, wenn die ersten Sonnenstrahlen die weiße Blütenpracht der Obstbäume im Garten berühren, wird das stetige Treiben wohl wieder von vorn losgehen. Dicke Hummeln auf der Jagd nach dem süßen Saft der zahlreichen Blüten an den Bäumen der Streuobstwiese, Schmetterlinge, die verspielt über die Wiese flattern, und dazu der morgendliche Gesang der zahlreichen Vögel im Garten.

Wie traurig wäre es, könnten zukünftige Generationen dieses Wunder nicht mehr miterleben. Vogelkundler, Insektenforscher und all die anderen Wissenschaftler warnen bereits seit langer Zeit vor einem massenhaften Aussterben und weisen immer wieder auf den dramatischen Artenschwund in unserer Natur und den damit verbundenen dringlichen Handlungsbedarf hin.

Bleibt zu hoffen, dass der sich immer mehr etablierende Begriff des »stummen Frühlings« nur ein drohendes Szenario bleibt und wir das massenhafte und rasant fortschreitende Aussterben der vielen kleinen und großen Tier- und Pflanzenarten doch noch aufhalten können. Auf dass auch die Kinder der Zukunft noch erfahren werden, wie ein Rotkehlchen am Morgen klingt, welch wunderbare Farben die Natur den Flügeln der vielen bunten Schmetterlinge geschenkt hat oder wie der Ruf des Uhus durch die Nacht schwebt, während sie selbst mit ihren Eltern an einem Lagerfeuer sitzend die Tausende von Sternen am dunklen Nachthimmel betrachten.

Laut den Aussagen unserer Astronomen ist die Wahrscheinlichkeit, dass es irgendwo da draußen am Sternenhimmel auf anderen Planeten auch Lebensformen gibt, die im selben Moment in unsere Richtung schauen und sich ebenso fragen, ob es nicht auch noch auf anderen Planeten Leben geben könnte, äußerst hoch. Außerhalb unserer Galaxie gibt es sicher noch weitere Billionen von Galaxien, die im Schnitt wiederum aus Billionen von Sternen bestehen. Und das ist nur der sichtbare Teil. Wie groß das Universum letztlich ist, kann man schlicht nicht genau sagen. Vielleicht gibt es gar kein Ende und keinen Anfang. Somit ist die Wahrscheinlichkeit, dass es dort draußen irgendwo Planeten gibt, welche wie unsere kleine Erde einigermaßen passable Lebensbedingungen bieten, doch recht hoch.

Diverse Ausschlusskriterien gibt es natürlich. Zum einen darf solch ein Planet nicht zu nah um seine Sonne kreisen, sodass sich Wasser in Flüssen, Seen und Ozeanen sammeln kann, ohne sofort zu verdunsten. Zum anderen darf er sich aber auch nicht zu weit weg von dieser befinden, um nicht bloß als durchgefrorene Eiskugel in ihrem Planetensystem herumzutreiben.

Sicherlich müssen noch viele andere Parameter stimmen, um ähnliche Lebensbedingungen wie bei uns zu ermöglichen, doch gehen Astronomen davon aus, dass es schon allein in unserer Milchstraße etwa vierzig Milliarden bewohnbare Planeten geben könnte. Im gesamten beobachtbaren Universum sollen es hochgerechnet etwa fünf Billionen sein. Eine Zahl, deren Ausmaß wir uns nur schwer vorstellen können.

Viele Wissenschaftler halten es deswegen für paradox, dass wir bisher noch keine Lebenszeichen anderer »intelligenter« Lebensformen aus dem All empfangen haben, obwohl etliche Radarantennen und Teleskope ohne Unterlass in die Weiten des Weltraums gerichtet sind, nur darauf wartend, endlich etwas zu empfangen. Lediglich im August 1977 stach ein mehrsekündiges Signal deutlich aus dem Rauschen eines Radioteleskops der Ohio State University heraus. Dieses vom Big-Ear-Radioteleskop aufgefangene und außergewöhnlich starke Signal konnte bislang keinem natürlichen oder künstlichen Signal von der Erde zugeordnet werden. Der Astrophysiker Jerry R. Ehmann entdeckte dieses Signal als Erster und verlieh seiner Begeisterung Ausdruck, indem er »Wow!« auf den Papierausdruck neben dieses außergewöhnliche Signal schrieb. Später ging es dann als das sogenannte »Wow-Signal« in die Geschichte ein – blieb bisher jedoch das einzige seiner Art.

Sollte es noch weitere fortschrittliche Zivilisationen da draußen geben, müssten wir eigentlich viel öfter derartige Signale empfangen, und es ist tatsächlich ein Rätsel, warum dies nicht so ist. Sind wir doch ganz allein in diesem unendlich großen, dunklen Raum und treiben verlassen auf unserer kleinen blauen Insel durch die unendlichen Weiten eines sonst sehr lebensfeindlichen Weltalls?

Wie seltsam erscheint es bei dieser Vorstellung, dass wir uns immer noch gegenseitig die Köpfe einschlagen und Kriege ge-

geneinander führen. Sitzen wir doch alle zusammen auf dieser kleinen Kugel im schwarzen Nirgendwo treibend fest.

Ist es entgegen den Berechnungen und Schätzungen der Wissenschaftler doch unwahrscheinlicher und komplizierter als angenommen, dass auf einem Planeten höher entwickeltes Leben entsteht? Aber deutet nicht alles darauf hin, dass es zwangsläufig zu einer automatisch ablaufenden Weiterentwicklung des Lebens kommt, wenn nur gewisse grundlegende Parameter stimmen und genügend Zeit vorhanden ist? Diese sollten doch auf vielen dort draußen herumtreibenden Planeten zu finden sein. Oder haben die zahlreichen Philosophen und Wissenschaftler recht, deren Vermutung es ist, dass unsere Welt nur eine Simulation ist? Einer technisch noch fortschrittlicheren Welt entsprungen – mit Computern, deren Rechenleistung wir uns derzeit kaum vorstellen können. Einigen Überzeugungen zufolge ist es höchst wahrscheinlich, dass auch wir irgendwann mit zukünftigen Supercomputern in der Lage sein werden, unsere eigene Welt zu simulieren. Warum sollten wir also ausgerechnet Teil einer realen »Ursprungswelt« sein? Je fortschrittlicher unsere Computer werden und je mehr Rechenleistung sie erbringen, desto mehr rückt diese Frage in den Fokus.

Warum wir bislang noch keinerlei Zeichen anderer technisierter Zivilisationen empfangen haben, könnte aber auch noch ganz andere Gründe haben. Eventuell führt ja genau diese Zwangsläufigkeit der Weiterentwicklung einfachen Lebens zu höheren, mehrzelligen und intelligenten Lebensformen auch immer zum Untergang derselben. Vielleicht sind es dieselben Verhaltensmuster, die eine Spezies in der Evolution aufsteigen lassen, welche letztlich auch zwangsläufig zu deren Auslöschung führen müssen. Jene evolutionstreibenden und auf Egoismen beruhenden Verhaltensmuster, welche uns ohne Rücksicht auf

Verluste Kontinente erobern, andere Völker auslöschen oder eben unzählige andere Spezies ausrotten ließen. Kurzfristig von evolutionärem Vorteil für die eigene Art, doch langfristig letztlich immer auch zum eigenen Nachteil, bis hin zur eigenen Vernichtung. Sei es durch eine zu starke Expansion und die damit einhergehende Zerstörung der eigenen Lebensgrundlage oder die zwangsläufige Eskalation von Kriegen, deren Waffen in der Lage sind, alles Leben auf dem Planeten auf einmal zu zerstören.

Vielleicht erschaffen wir aber auch irgendwann eine künstliche Intelligenz, die von uns schlicht nicht mehr beherrschbar ist. Eine Computerintelligenz, welche uns weit überlegen ist und letztlich zu unserem Aussterben führt. So wie wir dabei sind, unsere Wiege des Lebens – die Natur – zu zerstören, würde die von uns geschaffene neue Lebensform dann ihre »Wiege des Lebens« – nämlich uns – vernichten.

Zwanghaft durch Algorithmen gesteuerte Gesetzmäßigkeiten, die letztlich zum ewigen Entstehen und Vergehen der Natur gehören und in ihrer unaufhaltsamen Dynamik das Leben selbst formen, beeinflussen und immer wieder neu ordnen. Vielleicht haben wir von vornherein kaum eine Chance, längerfristig als Art zu bestehen. Vielleicht besiedeln wir aber irgendwann auch andere Planeten und breiten uns immer weiter im Universum aus und entdecken am Ende, dass es noch zahlreiche andere Lebensformen in den Weiten des Kosmos gibt und wir nur ein unendlich kleiner Teil eines unendlich großen Multiversums sind, dessen Grenzen wir nie erreichen werden, da es schlicht keine gibt. Vermutlich wird es uns als Menschen in dieser Form dann nicht mehr geben, da wir mit Maschinen, hochleistungsfähigen Quantencomputern und künstlichen neuronalen Netzwerken verschmolzen sind. Eine äußerst faszinierende und zugleich beängstigende Vorstellung. Stellt sich letztlich doch auch die Frage, ob man in solch einer Welt überhaupt noch leben möchte. Eventuell sogar in einer Welt ohne Bienen, in der Pflanzen mit Miniaturdrohnen bestäubt werden müssen, so wie es von Ingenieuren bereits experimentell getestet wird. Wenn es denn dann überhaupt noch Pflanzen gibt, die bestäubt werden müssen.

Vielleicht wird aber auch alles gut und das Blatt wendet sich doch noch. Äußerst ungünstig gelaufen wäre es allerdings, sollten wir den Selbstzerstörungsknopf durch den Verbrauch aller unserer natürlichen Ressourcen und der Zerstörung unserer Lebensgrundlage auf der Erde jetzt schon betätigen und so niemals erfahren, welch spannende Entwicklung uns noch bevorgestanden hätte.

Nacht

Doch zwingt die jetzt fast schon lähmende Müdigkeit nun endgültig zum langsamen Rückzug ins Haus, wo der Hund vermutlich schon zufrieden zusammengerollt auf seinem Hundebett schläft.

Der Qualm der ausgeblasenen Bienenwachskerze draußen auf dem kleinen Holztisch vor dem Haus wird im hellen Schein des Mondes wie von Geisterhand durch die windstille Luft getragen. Elegant schwebend wird auch er sich mehr und mehr mit der Dunkelheit der Nacht vereinen und langsam in ihr verschwinden.

Doch da!

Von weit her, als hätte sie nur auf den perfekten Moment für ihren Auftritt gewartet, legt sich plötzlich das märchenhafte Lied der Nachtigall über die nun schlafende Natur. Als wäre die Stille der Nacht eine nur für die Solokünstlerin reservierte Bühne – ein leerer Raum, den es mit einem alles verzaubernden Gesang zu füllen gilt. Singt sie in der Dunkelheit, schweigen die anderen Vögel, als wolle sie ein Zeichen des guten Tons setzen – eine Melodie, an der es sich zu orientieren gilt. Ein majestätischer Gesang, den die Natur zur ruhigen Atmosphäre der Nacht nicht treffender und schöner hätte hervorbringen können. Nur untermalt vom Zirpen der Grillen auf der Wiese, als wären sie das Geigenorchester, welches versucht, den Soloauftritt der Nachtigall musikalisch im Hintergrund zu begleiten.

Welch unendliches Glück, diesen lieblichen Gesang heute noch hören zu dürfen. Welch unendliches Glück, in solch einer Natur leben zu können.

Ganz leise ist das ruhige Atmen des Hundes auf seinem Schlafplatz am Fuße des Bettes zu hören. Vielleicht träumt er von den zahlreichen fremden Gerüchen, die er über den Tag aufgenommen hat, der Jagd nach einer Katze oder gar von einem Bad im Teich. Vielleicht aber auch von fremdartigen »Alien-Hunden« in einem Raumschiff, das wie ein dickes, leckeres Würstchen geformt ist. Wer kann das schon so genau sagen?

Wie auf ein geheimes Kommando hin verstummt plötzlich das zuvor von überallher kommende Grillengezirpe draußen vor dem Fenster, als hätten alle Grillen gleichzeitig beschlossen, nun zusammen ihre Nachtruhe anzutreten. Als gäbe es eine geheime Hausordnung auf der Wiese, in welcher fest vorgeschrieben wird, ab wann Ruhe zu herrschen und alles Gezirpe auf die Sekunde genau aufzuhören hat.

Nur noch der zarte und wie verzaubert von weit her durch die Dunkelheit schwebende Gesang der Nachtigall gelangt noch an das Ohr. Doch rückt auch dieser nun langsam immer weiter weg und dringt kaum noch in die Wahrnehmung vor.

Angenehm übermannende Müdigkeit lässt das Bewusstsein Stück für Stück schwinden. Ein Tag wie ein Traum endet und geht über in einen anderen Traum. Eine endlose Sequenz von Träumen, mit dem einzigen Unterschied eines vermeintlichen Bewusstseins dazwischen. Noch ist schwach das Summen der Bienen aus den Erinnerungen des Tages im Hintergrund zu hören. Bilder von Bienenwaben, fest eingebrannt zwischen den Neuronen, nun immer wieder bildhaft aufblitzend und sich langsam vermischend mit den neuen Bildern und Gefühlen der jetzt zunehmend die Oberhand gewinnenden träumerischen Bewusstlosigkeit.

Steuern sie uns oder wir sie? Gedanken, Formen und Klänge, erzeugt vom eigenen Kopf und doch nicht von einem selbst kommend, vermengt mit den Erinnerungen des Tages – das leise Summen der Bienen beim Öffnen der Bienenkästen, der Geruch nach Propolis und Bienenwachs in der Luft und das Bild einer Biene, wie sie mit ihrem Rüssel auf dem Boden einer Apfelblüte nach Nektar saugt.

All das verschwindet langsam in einer Welt ohne steuerbaren Einfluss. Taucht unter zwischen Gedanken, die sofort wieder verschwinden und nicht mehr greifbar sind. Eine Welt, aus der man erst am nächsten Morgen wieder auftaucht. Vielleicht erneut mit dem durch das geöffnete Fenster eindringenden Vogelgesang und dem hereinströmenden Duft nach Frühling in der Luft. Auch morgen wieder ein Tag voller Arbeit, schöner Arbeit. Arbeit, wie man sie besser kaum finden kann. Eingetaucht in eine Welt, welche man gar nicht ausreichend genug wertschätzen kann. Ein Tag voll mit Zauber, Abenteuern und lauter kleinen Wundern – ist man nur ausreichend aufmerksam und offen dafür. Ein Tag, nur einen Traum weit entfernt. Ein Tag draußen in der Natur mit den Bienen.

– ENDE –